FOOD SERVICE MANAGEMENT

영양사 시험을 대비한

급식경영학

김옥선 · 권수연 · 김숙희 · 김병숙 공저

SOUTH AMERICA

이 책을 펴내면서

오늘날 가정에서의 식사를 급식과 외식이 담당하게 되었고, 급식산업과 외식산업이 대기업의 진출과 함께 대형화, 전문화, 기업화 되면서 관광과 컨세션 등 관련 산업으로 사업영역이 확대되고 차별화가 이루어짐에 따라 효과적이고 효율적인 경영관리와 우수한 인적자원 확보를 위한 급식경영의 다양한 정보와 지식, 전문적인 경험이 필요하게 되었다. 따라서 현장에서 급식과 외식을 직접 경영하는 급식관리자의 급식경영에 관한 전문화된 기술과 서비스가 중요한 위치를 차지하게 되었다. 그러나 학교의 교육은 산업현장의 빠른 변화에 대한 요구를 반영하지 못하고 획일화된 이론중심의 교육으로 급식관리자가 직무를 수행하는 데 필요한 지식과 정보를 습득하기 어려운 상황이다.

본 급식경영학은 단체급식과 외식산업을 관리하는 급식관리자가 꼭 알아야 할 기본적인 경영이론 및 지식과 인적자원관리를 계획, 조직, 지휘, 조정, 통제에 따른 경영관리과정의 흐름에 따라 기술하였고, 최근 급식산업과 외식산업의 경계가 없어짐에 따라 중요성이 대두되고 있는 서비스마케팅과 급식품질경영은 급식소의 내 · 외부고객의 만족을 위해 급식관리자가 알아야 할 실행지식에 대해 기술하였다. 또한 영양사 국가고시와 한국보건의료국가 시험원 학습목표 개정을 반영하여 한권의 교재로 다양한 교재의 효과를 볼 수 있도록 급식경영 관련내용에 대하여 그림과 표, 산업현장에서 일어나는 예시를 다양하게 제시하였다.

따라서 본 과목의 학습을 통하여 식품영양학을 전공하고 급식관리자로서 사회에 진출하는 예비 영양사들에게 급식시스템의 효과적인 부문 및 전체관리를 통하여 효율적으로 급식의 목표를 달성할 수 있도록 급식경영 및 인적자원관리의 개념과 기능의 이해를 돕고, 예고되지 않는 급식산업 현장의 다양한 상황에 빠르게 대처할 수 있는 능력을 함양할 수 있도록 전문적인 경험과 지식을 제공하여 성공하는 급식관리자가 되도록 돕는 데 목적이 있다.

급식경영학은 경영관리, 인적자원관리, 서비스마케팅, 품질경영 부분이 혼재되어 있어 내용이 매우 방대하므로 부족한 부분에 대해서는 산업현장의 트렌드와 요구를 반영하여 계속해서 새로운 정보와 지식을 수정 · 보완할 것이다.

끝으로 이 한 권의 교재가 출간되기까지 정성을 다해 주신 김홍용 사장님과 도서출판 효일의 임직원 여러분께도 진심으로 감사드립니다.

2021년 2월

저자 대표

급식경영학 Contents

급식경영학

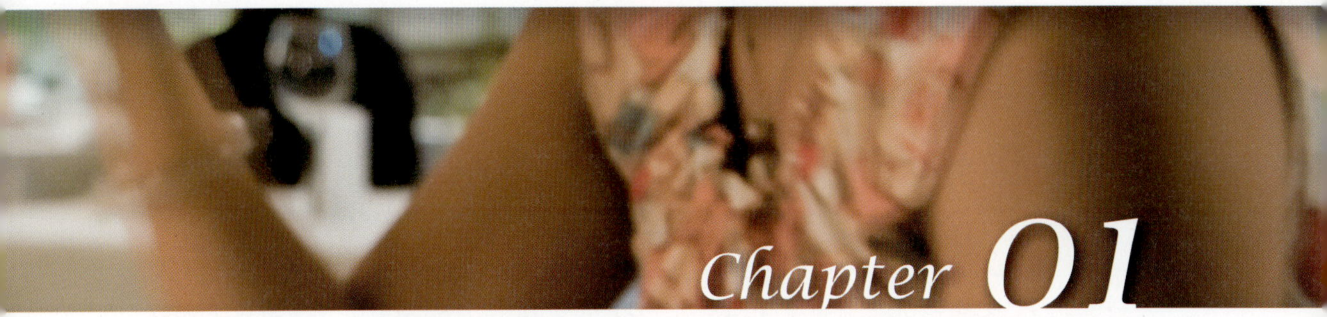

Chapter 01 급식산업의 이해

01 급식산업

02 급식경영의 이해

학습목표

- 급식산업의 정의를 설명할 수 있다.
- 단체급식의 개념을 말할 수 있다.
- 환대산업에 대하여 설명할 수 있다.
- 상업적 급식과 비상업적 급식을 분류하고 종류를 설명할 수 있다.
- 단체급식의 목적을 설명할 수 있다.
- 급식대상별 단체급식의 특징을 설명할 수 있다.
- 급식위탁 절차와 위탁계약 방식에 대하여 설명할 수 있다.
- 급식경영관리의 요소를 설명할 수 있다.
- 성공적인 경영의 기준을 설명할 수 있다.

1. 급식산업

1) 급식산업의 정의

전통적 식사문화는 가정의 기능 중 가장 큰 비중을 차지하였으며 가정 내에서 조리되어 가족들이 함께 모여서 먹는 **공식(共食)**을 원칙으로 해 왔다. 그러나 전반적인 사회 환경의 변화, 과학문명의 발달로 산업구조가 확대되면서 가족의 일원이 사회에 참여하게 되어 가정 내 공식의 기회는 감소하게 되었다. 현대인들은 하루 세 끼 중 적어도 한 끼 이상을 밖에서 해결하게 되었고 직장, 학교 등의 집단에 속하여 생활함으로써 가정 외 식생활의 비중이 높아지게 되었다. 이렇게 가정 외 식생활의 비중이 높아지고 있는 상황에서 가정 외 식생활이 안전하고 능률적으로 실행될 때 건강한 생활을 유지 · 발전시킬 수 있다.

우리의 식생활은 **가정 내 식생활**과 **가정 외 식생활**로 구분할 수 있으며, **내식**은 가정 안에서의 식사, **외식**은 가정 밖에서 이루어지는 식사의 총칭으로 인식되고 있다. 외식과 내식의 구분은 **음식이 조리되는 장소**를 기준으로 하며 식사 준비의 주체를 중요하게 여긴다. 가정에서 만든 도시락을 학교나 직장에서 먹는다면 내식으로 간주하며, 음식점이나 백화점에서 조리된 음식을 구입해서 집에서 먹는 경우는 외식에 해당한다.

외식이 생활 속에서 차지하는 비중이 점점 확대되고 신속, 간편, 단순화를 추구하는 편의 지향적 생활이 확산됨에 따라 새로운 음식의 소비양식이 창출되고 있으며 급식산업이라는 신 서비스산업이 등장하게 되었다.

급식산업 foodservice industry은 가정 밖의 장소에서 음식을 조리 또는 가공된 형태로 상품화하여 음식과 서비스를 판매 · 제공함으로써 편익과 가치를 제공하는 산업을 말하며, 가정 외의 장소에서 상업성 또는 비상업성의 목적으로 고객에게 식사와 서비스를 제공하는 업종이라 정의할 수 있다. 급식산업은 고객을 맞이하여 정성으로 봉사하는 숙박, 급식, 관광, 레저 등 서비스산업을 총칭하는 **환대산업** hospitality industry의 일종으로 급식은 환대산업에서도 중요한 영역으로 부상하고 있다.

급식산업은 식사 및 이와 관련된 서비스를 제공하는 목적이 이윤을 창출하는 것인지 아닌지에 따라 **상업성 급식(외식산업)**과 **비상업성 급식(단체급식)**으로 분류될 수 있다[표 1-1].

상업성 급식 commercial foodservice은 가정 외 장소에서 영리를 목적으로 음식을 생산 · 판매하고 관련된 서비스를 제공하는 업체의 경제활동인 **외식산업**으로 한식, 중식, 양식, 일식 등의 일반음식점과 패스트푸드점, 패밀리 레스토랑, 호텔 내 레스토랑, 제과점, 커피숍 등을 말한다.

비상업성 급식 noncommercial foodservice은 영리보다는 특정다수인의 복리후생을 위해 음식을 생산하고 관련된 서비스를 제공하는 것으로 산업체, 학교, 병원, 공공기관, 사회복지시설 등에서의 **단체급식**을 말한다.

표 1-1 급식산업의 분류

상업성 급식(외식산업)	비상업성 급식(단체급식)
• 일반음식점업 한식, 중식, 양식, 일식 음식점 등 • 휴게음식점업 분식점, 김밥 전문점, 제과점, 커피하우스, 피자, 햄버거 및 치킨 등 • 출장 및 도시락업 출장뷔페, 도시락업 • 호텔 및 숙박시설 식당 • 스포츠 시설 및 휴양지 식당 • 교통기관 식당 • 자동판매기	• 교육기관급식 유치원, 초등학교, 중 · 고등학교, 대학교, 기숙사 • 산업체급식 사무실, 공장, 관공서, 연구원, 금융기관 • 의료기관급식 병원, 종합병원, 요양병원, 산후조리원 • 사회복지시설급식 사회복지관, 노인복지시설, 장애인 복지시설, 정신보건시설 등 • 영유아 보육시설급식 국 · 공립보육시설, 직장보육시설, 가정보육시설 등 • 군대급식 • 교정시설급식 교도소

식품위생법 제2조에서 **단체급식소(집단급식소)**란 영리를 목적으로 하지 아니하면서 특정다수인에게 계속적으로 음식물을 공급하는 기숙사, 학교, 병원, 사회복지시설, 산업체, 공공기관, 기타 후생시설 등의 급식시설로 정의하고 있다. 또한 식품위생법 시행령 제2조에서는 **단체급식소(집단급식소)**의 범위를 상시 1회 50인 이상에게 식사를 제공하는 급식시설이라고 하였다.

비상업적 급식인 단체급식은 1990년대 대기업들의 위탁급식전문업 진출로 인하여 상업성 급식의 개념이 도입되어 급식산업을 영리 또는 비영리 목적으로 구분하는 것이 큰 의미가 없어졌다. 최근에는 급식시장 성장의 한계로 인하여 업체들마다 수익성 위주로 사업구조를 재편하거나 사업다각화를 통해 새로운 수익원을 창출하고 있으며, 외식산업과 융합을 통하여 기존 단체급식에서 이윤의 가치를 증대하기 위한 움직임이 있다.

2) 단체급식의 목적과 특징

단체급식은 급식대상자에게 영양요구량에 알맞은 양질의 식사와 서비스를 제공함으로써 급식만족도를 높이고 급식대상자의 정신적·육체적 건강을 증진시키는 데 목적이 있다. 단체급식의 공동목적은 다음과 같다.

첫째, 급식대상자의 영양을 확보하고 건강 증진을 도모한다.
둘째, 급식대상자의 가정이나 지역사회에 대한 영양개선을 도모한다.
셋째, 급식을 통하여 도덕성 및 사회성을 함양하여 올바른 인간관계 형성에 도움을 준다.
넷째, 급식대상자에게 휴식처 및 사교장을 공급한다.
다섯째, 급식대상자에게 식비의 부담을 줄여줄 수 있다.

단체급식은 한정된 시간 내에 다량조리를 통하여 많은 사람들에게 식사를 공급해야 하므로 다음과 같이 가정식과 다른 특징이 있다.

첫째, 다량의 식사준비를 위하여 수작업보다는 다량조리 기기의 사용을 통한 작업이 많다.
둘째, 정해진 시간 내에 식사를 공급해야 하므로 식단표, 표준레시피, 조리공정도 등에 따라 체계적으로 이루어져야 한다.
셋째, 특정다수인에게 계속적으로 식사를 공급해야 하므로 기호에 맞는 영양적인 메뉴와 다양한 조리방법을 이용해야 한다.
넷째, 식중독의 발생 위험이 있으므로 위생과 안전을 고려해야 한다.
다섯째, 급식을 전문적으로 관리하는 영양사가 필요하다.

3) 단체급식의 분류

단체급식은 급식대상, 급식운영형태, 급식체계(Chapter 02. 급식시스템 참조)에 따라 분류할 수 있다.

(1) 급식대상별

급식대상별로는 학교급식, 산업체급식, 병원급식, 영유아급식, 사회복지시설급식, 군대급식 등으로 분류할 수 있으며, 급식대상별 목적과 특징은 [표 1-2]와 같다.

① 학교급식

학교급식은 대학교를 제외한 초·중·고등학교에서 제공되는 급식으로 국가의 지원 하에 실시하고 있다. 학교급식은 급식을 통하여 학교의 기본 목적인 '교육'을 원활하게 지원하고 급식대상자에게 필요한 영양을 공급하여 심신의 발달과 편식 교정, 올바른 식습관 지도, 공동체 의식 고취 등을 통해 인격적인 인간교육을 돕고 나아가서 국민 식생활 개선과 국가 식량정책에 기여함을 목적으로 한다.

학교급식은 6.25 전쟁 이후 1954년 국제아동기금 UNICEF 등 국제기구의 원조로 일부 학교에서 탈지분유와 빵으로 무상급식을 실시한 것이 시초이다. 1981년 학교급식법의 제정으로 학교급식의 제도적 틀을 마련하였고, 2003년에는 초·중·고등학교, 특수학교에 학교급식을 전면 실시하게 되었다. 1996년부터 개정된 학교급식법에 따라 중·고등학교를 중심으로 위탁급식이 증가하게 되었으나, 2006년 위탁으로 운영하던 수도권의 학교급식소에서 대형 식중독 사고가 발생하면서 학교장이 학교급식을 직접 운영하는 '직영급식 의무화'로 학교급식법이 개정되었다. 또한 식재료에 원산지 및 등급 표시, 품질이 우수하고 안전한 식재료 사용의 의무화, 모든 학교급식소에 영양교사와 국가가 인정하는 조리사의 배치가 시작되었다.

표 1-2 급식대상별 목적과 특징

구분	목적	역사	특징
학교급식	• 학생의 체위 향상 • 학생의 올바른 식습관 확립 및 편식 교정	1954년 :UNICEF 학교급식법 :1981. 1. 29.	• 학습의 효율성 증대 • 영양 및 식생활 교육 및 개선 • 학년별 한국인 영양소 섭취기준 적용 • 식량정책에 관한 학생지도와 학부모 상담
산업체 급식	• 종사자의 건강 증진 • 종사자의 작업능률 및 생산성 향상	1977년~1980년대 확산되었음	• 식중독 예방관리 • 노동강도별 영양소 섭취기준 적용 • 산업질병의 예방연구 및 영양교육 실시 • 종사자 건강 증진을 위한 영양상담 실시
병원급식	• 건강 증진 • 질병치료의 효율성	1960년 :국립중앙의료원 (영양사 채용)	• 환자의 영양지원 • 치료식 등 영양관리 연구 • 배분, 배식의 합리화 도모 • 식사요법 연구 및 교육자료 개발 • 질병에 따른 영양소 섭취기준 적용 • 영양, 식사지도(환자, 수련의, 간호학생), 상담교육
사회복지 시설급식	• 건강증진 • 정서적 안정		• 질병예방, 정서적 안정 추구 • 건강 증진을 위한 식단 작성 • 연령별 영양소 섭취기준 적용

② 산업체급식

산업체급식은 공장, 사무실, 관공서, 연수원 등의 급식대상자에게 복리후생 차원에서 제공하는 급식으로 단체급식 시장 중 가장 큰 규모이며 급식 위탁률도 높다. 산업체급식은 급식 대상자에게 만족도 높은 식사제공을 통하여 종사자의 건강유지와 증진을 도모하고 기업의 작업능률 및 생산성 향상, 산재사고의 예방, 애사심 고취에 목적이 있다. 산업체급식은 외식업체와 경쟁이 치열하고 고객의 건강에 대한 관심과 요구가 높은 편으로 성인병 대책과 같은 건강관리 및 영양교육을 통한 식생활관리 등도 급식관리자에게 요구하고 있다. **2014년 5월 식품위생법 52조 1항(영양사)의 개정으로 100인 이상의 산업체급식소에 영양사를 의무고용**하게 되어 이러한 요구를 지원할 수 있게 되었다.

쉬어가기 위탁급식전문업체 컨세션 사업 확장

이씨엠디, 컨세션 분야 새로운 강자로 급부상

국내 컨세션 시장 1조 3000억원으로 추정

인천국제공항 식음사업부문 운영권 입찰경쟁에서 이씨엠디의 모회사인 풀무원과 외식전문기업인 아모제가 컨소시엄 형태로 참여하여 이 분야에서 쟁쟁한 전문기업을 제치고 에어사이드 서관 사업권을 획득하였다. 인천공항 식음사업의 운영을 담당하게 된 이씨엠디는 연간 최소 100억원 이상의 신규매출을 창출하게 됐으며, 3년 정도 후에는 손익분기점을 넘어설 것으로 기대하고 있다. 두 업체가 운영권을 획득한 에어사이드 서관은 총 17개 식음매장이 들어가며 이 중에서 아모제가 53.8%, 풀무원이 46.2%를 운영하게 된다.

이씨엠디 컨세션사업팀을 이끌고 있는 구병조 부장은 "외식전문기업으로서 식자재 우선주의를 원칙으로 하는 아모제와 바른 먹거리를 모토로 하는 풀무원의 이미지가 시너지 효과를 낸 것 같다"며 "양사가 공동으로 TFT를 구성해 3개월간의 준비 과정에서도 의견충돌 한번 없을 정도로 서로 긴밀한 협조가 이뤄졌으며, 보안도 철저히 지켜졌기 때문에 좋은 결과를 낼 수 있었다"고 설명했다. 또한 "주 5일 근무제 등의 확대로 인해 여가시설이 늘어나면서 향후 컨세션 시장은 더욱 커질 것으로 보이며, 다양한 분야로의 컨세션 사업을 확대해 나갈 계획"이라고 말했다.

이씨엠디는 2006년부터 사업다각화의 일환으로 컨세션 분야에 많은 관심을 보이며 시장조사를 실시하는 등 철저한 준비를 해 왔으며, 그 결과 2007년 4월에는 여주와 용인 사이에 위치한 덕평휴게소 내에 전문식당가 운영권을 획득하는 등 가시적인 성과를 보이고 있다.

이씨엠디는 2017년 3월 29일 인천국제공항공사가 개최한 제1회 '인천 에어포트 어워즈' 상업시설 분야에서 서비스 개선도 및 업무처리의 신속성, 공항운영 기여도 등에서 높은 평가를 받아 우수기업으로 선정되었다.

③ 병원급식

병원급식은 진료지원의 측면에서 환자의 상태에 따라 영양적으로 적절한 식사를 제공하여 입원환자의 질병치료와 병상회복을 촉진하고 체력회복을 지원하기 위해 제공하는 급식이다. 병원급식은 환자의 질환에 따라 **일반식**과 **환자식(치료식)**으로 나눌 수 있으며, 면역력이 취약한 환자를 대상으로 하므로 위생적으로 안전한 급식이 제공되어야 한다. 다양한 치료식을 포함한 다품종 소량생산으로 생산성이 낮고, 1일 3식 연중무휴로 인건비 부담이 크며, 조리

기기나 설비를 점검 · 수리할 시간이 부족한 문제점이 있다. 또한 계속되는 입원과 퇴원으로 인하여 식수나 식사내용을 계속적으로 확인해야 하며, 급식이 병실에서 이루어짐으로 적온급식을 위한 고가의 보온·보냉차가 필요하다. 병원급식은 급식의 제공과 함께 환자 및 보호자에게 질병과 관련된 영양교육을 실시하여 영양지식을 전달하고 이를 통하여 식행동 변화를 유도함으로써 질병의 치료효과를 높일 수 있다.

국민영양관리법 제23조에서 보건복지부장관은 건강관리를 위하여 영양판정, 영양상담, 영양소 모니터링 및 평가 등의 업무를 수행하는 영양사에게 영양사 면허 외에 임상영양사 자격을 인정할 수 있다고 하였고, 2012년 영양사의 지위향상과 업무능력 고취를 위하여 임상영양사 자격시험을 시행하게 되었다.

쉬어가기 **임상영양사란?**

임상영양사는 영양문제가 있거나 잠재적 위험요인을 지닌 개인 및 집단을 대상으로 질병 치료와 예방을 위한 임상영양치료를 수행하는 전문인으로 병원, 보건소 등의 의료기관 또는 기타 영양상담 분야의 업무를 하는 영양사이다.

국민영양관리법 시행규칙 제22조
임상영양사의 업무

1. 영양문제 수집 분석 및 영양요구량 산정 등의 영양평가
2. 영양상담 및 교육
3. 영양관리상태 점검을 위한 영양 모니터링 및 평가
4. 영양불량상태 개선을 위한 영양관리
5. 임상영양 자문 및 연구
6. 그 밖에 임상영양과 관련된 업무

1995년 도입된 '의료기관 서비스 평가'에서는 '영양분야'가 포함되어 병원의 식단관리, 조리환경 및 위생관리, 배식관리, 영양판정 및 상담활동으로 구분하여 평가하기 시작하였고, 세부 평가내용으로는 식사의 품질, 가격, 선택식 식단시행, 조리 및 배식관리의 적정성, 상온보관식품 관리의 적정성, 냉장보관식품 관리의 적정성, 냉동보관식품 관리의 적정성, 배식간격의 적정성,

영양판정업무의 적정성으로 구성되어 있다. 2004년도부터는 '의료기관 평가제도' 라고 명칭을 바꾸어 실시하였고, 2010년 의료법의 개정으로 2011년부터는 '의료기관 평가 인증제' 를 도입하여 시행하고 있다. 또한 2006년 이후에는 급식비에 대해 '식대보험급여화 제도' 가 적용되기 시작하였다.

④ 영유아시설급식

영유아시설급식은 어린이집급식(영유아보육법)과 유치원급식(유아교육법)으로 분류할 수 있으며, **영유아보육법**과 **유아교육법**에서는 **100인 이상의 영유아급식 시설에 영양사를 의무배치하고 5개 시설까지는 공동영양사의 고용을 가능**하도록 하고 있다. 100인 미만을 급식하는 어린이집 또는 유치원의 경우 어린이급식관리지원센터 소속 영양사들의 지원서비스를 통해 급식관리를 수행하고 있다.

어린이급식관리지원센터에 소속된 영양사들은 회원으로 가입한 영유아급식 시설을 대상으로 영양관리 및 위생관리를 위해 주기적 순회방문 및 컨설팅 서비스를 제공하고 있다. 또한 급식소 종사원, 급식대상자인 영유아 및 학부모를 대상으로 영양교육을 실시하고 급식소 운영에 필요한 식단, 레시피, 가정통신문을 비롯한 급식운영에 필요한 정보를 제공하고 있다.

⑤ 사회복지시설급식

사회복지시설급식은 영양적으로 취약한 아동, 노인, 장애인, 부랑인 등 정신적·신체적으로 불완전한 자에게 급식을 제공하는 아동복지 및 보육시설, 노인시설, 장애인시설, 정신질환자 요양시설, 부랑인 복지시설 등으로 정부나 개인 보호단체의 지원에 의해 운영되고 있다.

⑥ 군대급식

군대급식은 장병들을 대상으로 군대에서 이루어지는 급식으로 국방부가 마련한 '급식방침' 을 기준으로 균형 잡힌 급식을 제공함으로써 생활의 규범과 장병들의 건강유지 및 체력증진을 통한 전투력 증강을 위해 실시한다. 군대급식 관리자는 각 급양대의 급양대장과 영양사, 부대취사운영의 책임자인 급양관리관이다. 최근 일부 군부대에서는 위탁 운영도 실시 중이다.

⑦ 기타 급식시설

운동선수 및 선수촌급식은 선수들의 최고의 경기력을 위해서 훈련기 및 비훈련기, 경기 전 · 후 등의 선수상황 및 연령 등 여러 조건을 고려해 과학적 · 합리적으로 설정된 기준에 의하여 적절한 급식을 제공해야 한다. 전문영양사에 의해 관리되고 있는 우리나라의 중요 스포츠급식 시설은 태능선수촌, 상무체육부대, 한국체육대학교 등이 있다.

기내식은 비행 중 항공사가 승객에게 제공하는 음식으로 좁은 공간에 장시간 앉아 여행하는 승객들을 위해 영양, 칼로리, 소화흡수를 고려하여 지상에서 조리 · 냉장시스템 cook-chill으로 만들어진 음식을 비행기 내에서 재가열하여 제공한다. 기내식은 항공서비스 평가에서 차지하는 비중이 가장 큰 부분으로 항공기 이용고객의 문화적 배경과 이용목적이 다양하므로 고객들의 입맛에 맞고 영양적으로 균형 잡힌 식사를 제공하기 위해 항공사들은 많은 노력을 기울이고 있다.

(2) 급식운영형태별 유형

급식운영형태에 따라서 직영급식과 위탁급식으로 나눌 수 있다.

① 직영급식

직영급식은 산업체, 학교, 복지시설 등에서 종사원들을 위해 영양제공 및 복리후생 차원에서 급식소를 직접 운영하는 형태로 급식소의 원활한 운영을 위해 상당한 자본과 인원, 시설에 소요되는 비용의 일부 또는 전부를 기관이나 기업에서 보조하는 경우가 많다. 직영급식은 영양관리 및 위생관리가 철저하고, 영리보다는 품질제고가 우선시되며 신속한 원가통제가 가능한 장점이 있으나 인건비의 증가와 서비스가 결여되는 단점도 있다.

② 위탁급식

위탁급식은 기업 또는 기관의 급식운영 및 관리업무를 위탁급식전문업체에 위탁하는 형태로 위탁급식전문업체는 계약에 의해 음식 및 서비스의 일부 또는 전부를 대행하게 된다. **위탁급식이 등장하게 된 배경**은 급식경영의 합리화 추구 및 직원 복리후생 증진의 요구와 같은 급식소 내적 환경변화와 인건비, 물가상승, 서비스 산업발전, 산업의 전문화 경향으로 인한 경제적 환경변화,

급식대상자들의 고품질 식사요구, 고객요구의 다양성, 건강지향적인 식문화 등의 사회문화적인 환경변화가 원인이 되었다.

• 위탁급식 운영시 기대효과

위탁급식을 할 때 위탁의뢰기관은 재정적인면, 인적자원면, 급식운영면, 급식감독면에서 급식위탁의 효과를 기대할 수 있다.

- **재정적인면:** 급식예산의 보장, 급식 비용 및 원가절감, 보수 및 수리를 위한 자본투자 유치, 낙후된 시설과 설비 개선
- **인적자원면:** 인건비 절감, 노사문제로부터 해방, 교육훈련 및 개발프로그램 체계화, 유능한 관리자 활용 가능
- **급식운영면:** 급식관리에 대한 부담 경감, 서비스 불평 감소, 위생관리 체계 강화
- **급식감독면:** 경영진의 급식업무 부담 경감, 급식관리자의 업무수행 개선

• 위탁급식 운영시 제약사항

위탁급식 시 제약사항은 **위탁의뢰기관의 경우** 전문성이 부족한 위탁업체와의 계약 위험성이 있으며, 급식의 품질에 대하여 통제가 어렵고, 신규 설비를 투자하는 조건으로 계약을 체결할 경우 투자자본 회수 압박에 따른 급식품질 저하가 있을 수 있다. **위탁급식 전문업체의 경우** 급식업장별 계약 내용의 편차가 심하고, 노후설비 개선의 책임과 2년 미만의 짧은 계약기간으로 안정적인 급식경영이 어려운 부분도 있다. 급식관리자의 경우 위탁급식의뢰기관과 위탁급식전문업체 사이에서 명령계통이원화가 발생하여 관리가 중복될 수 있다.

• 급식위탁 절차(위탁의뢰기관측면)

급식위탁 절차는 급식위탁 전담부서 구성 등의 **급식위탁 검토과정**, 입찰공고를 시작으로 적정업체를 선정하는 **위탁급식전문업체 선정과정**, 급식위탁계약서 검토 및 계약체결을 진행하는 **계약체결과정**의 3단계로 이루어져 있다.

절차	위탁의뢰기관 준비사항
급식위탁 검토	· 급식위탁전담부서(기구) 구성 · 위탁급식업체 선정기준 작성
위탁급식 전문업체 선정	· 입찰공고(업체선정 공고) 및 위탁의뢰서 작성 · 업체가 제출한 위탁제안서 검토 · 업체평가 및 심의 · 업체 현장방문 등 자체조사 · 적정업체 선정과 통보
계약체결	· 급식위탁계약서 검토 및 계약체결 · 급식시설 · 설비 인계를 통한 개점 일정 조율

[그림 1-1] **위탁의뢰기관의 급식위탁 절차**

• 급식위탁 계약 방식

급식위탁 계약 방식에는 **식단가제**와 **관리비제**가 있다. **식단가제**는 식단가 즉, 판매가격을 기준으로 계약을 체결하는 방식으로 식재료비, 인건비, 기타 경비와 위탁수수료가 모두 포함된 것이다. 식수 변동이 적거나 대규모 산업체 급식소에서 주로 채택하고 있다. **관리비제**는 위탁급식 전문업체가 일정기간(보통 1개월)동안 사용한 식재료비, 인건비, 기타 경비 등을 사용내역에 따라 실비 정산하여 위탁의뢰기관에 청구하면 위탁의뢰기관에서는 청구한 금액에 3~5%의 위탁수수료를 포함하여 지급하는 형태이다. 주로 중·소규모의 산업체나 기숙사급식 등에서 채택하고 있다.

2. 급식경영의 이해

1) 경영의 개념

경영 management이란 영어사전에서 **'경영'**, **'관리'**, **'운영'** 등으로 해석되는데, 이러한 용어들은 '기업을 경영한다', '급식소를 운영한다' 등과 같이 서로 비슷한 개념으로 일상생활에서 흔히 사용된다. **페이욜** Fayol, 1930은 경영을 보다 **동태적**인 **순환과정**으로 보고 '경영이란 계획하고, 조정하고, 통제하는 과정'이라고 규정하였다. 또한 저명한 경영 이론가 **드러커** Drucker, 1974는 '경영은 기업의 목표를 설정하고 방향을 제시하며 리더십을 발휘하고 경영자원을 사용하여 목표를 달성하는 과정'이라 하였다. 다양한 학자들의 경영에 관한 정의는 [표 1-3]과 같다.

표 1-3 경영에 관한 정의

이론가	정의
폴렛 Follett	사람들을 통하여 일을 성취하는 기술
드러커 Drucker	조직의 목표를 설정하고 방향을 제시하며 리더십을 통하여 조직이 경영자원을 사용하여 목표를 달성하는 과정
페이욜 Fayol	경영을 동태적인 순환과정으로 보고 계획하고, 조직하고, 지시하고, 조정하고 통제하는 작업
바나드, 사이먼 Barnard, Simon	조직을 형성하여 운영하는 것

이와 같은 견해들을 종합하여 다음과 같이 경영을 정의할 수 있다.

- 경영

조직의 목표를 달성할 수 있도록 물적 · 인적자원을 계획, 조직, 지휘, 조정 및 통제하는 일련의 과정이다.

2) 급식경영의 정의 및 경영관리의 요소

급식경영은 급식조직의 목표를 달성할 수 있도록 **물적 · 인적자원**의 사용을 **계획**, **조직**, **지휘**, **조정** 및 **통제**하는 일련의 과정이다.

급식을 수행하기 위해서는 사람, 급식재료, 시설, 기기 등의 물자, 급식을 운영하기 위한 자본이 갖추어져야 하며 능률적인 급식관리는 사람, 급식재료, 자본을 관리하는 것이다. **사람** man, **물자** materials, **자본** money을 가리켜 **관리의 3요소** 3M라 하며, 3요소 외에 **방법** methods, **기계** machines, **시장** market을 포함한 **6요소** 6M를 경영에 필요한 기본요소라 한다.

- 사람 Man : 급식소에 필요한 노동력과 기술, 경영자
- 물자 Materials : 식재료, 공산품
- 자본 Money : 급식조직 운영에 필요한 자본
- 방법 Methods : 표준화된 조리법, 품질 통제 방법
- 기계 Machines : 급식설비 및 기기
- 시장 Market : 급식서비스의 대상이 되는 고객

급식경영에서 다루는 **급식경영관리**는 급식시스템의 운영을 위해 투입되는 자원을 효과적 · 효율적으로 관리하는 활동을 말한다.

3) 급식경영 환경

급식경영 환경은 **내부환경(조직환경)**과 **외부환경(시장환경)**으로 나눌 수 있다. 급식업체의 **내부환경**이란 기업경영에 직접 영향을 미치는 요인인 조직문화, 경영자, 조직구성원 등이 있다. 내부환경의 세 가지 기능으로는 고객과 접점되는 급식소 정면에서 수행되는 **급식서비스 기능**, 고객과 접점되지 않는 급식소 후면에서 수행되는 **급식관리 기능**, **급식경영 기능** 등이 포함된다. 급식업체의 **외부환경**이란 정부의 규제, 지역시장, 노동력, 국가경제 상태, 공급업체관리, 신기술, 미디어 등이 해당되며 기업의 활동에 간접적이고 광범위하게 영향을 미친다.

급식업체관리자는 급식업체의 내부 · 외부환경요소들을 인지하고 역동적인 환경변화에 민감하게 대처할 수 있는 경영능력을 갖추어야 한다. [그림 1-2]는 급식업체 내부 · 외부환경과의 관계를 나타낸 것이다.

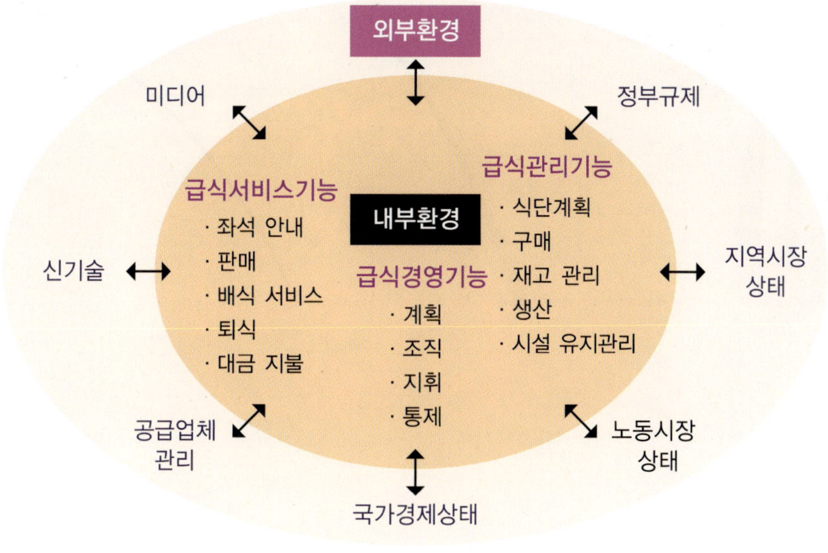

[그림 1-2] 급식업체 내부 · 외부환경인자와의 관계

4) 성공적인 경영의 기준

효과성과 효율성은 드러커가 주장한 개념이다. **효과성** effectiveness은 올바른 일을 하는 것 doing right things이고, **효율성** efficiency은 일을 제대로 하는 것 doing things right이다. **효과성**은 얼마만큼 목표를 잘 달성하는가에 중점을 두는 반면, **효율성**은 이러한 목표를 달성하는 데 조직의 지식 및 능력에 비해 무엇을 얼마나 생산해내는가의 비율에 중점을 둔다. 또한 드러커는 효율성보다는 올바른 방향, 올바른 과업을 찾아내는 효과성을 추구하는 것이 경영의 핵심이어야 함을 강조하였다.

최근 경영 환경이 급변하면서 중요하게 대두되는 경영의 성공기준으로 **혁신성** innovation을 말하는데, 혁신성은 조직이 변화하는 환경 속에서 조직의 목적을 달성하기 위해 얼마나 빨리 새로운 생각과 기술 및 지식을 습득하면서 기업의 중요한 본질을 변화시키는 정도를 뜻한다.

급식경영학

Chapter 02

급식시스템

학습목표

- 시스템의 정의와 특징을 알고, 이 개념을 적용하여 급식시스템과 유형을 설명할 수 있다.
- 급식시스템의 기본 모형을 알고, 구성요소인 투입, 변환과정, 산출을 설명할 수 있다.
- 급식시스템의 확장모형을 이해하고 구성요소인 통제, 기억, 피드백을 설명할 수 있다.
- 급식시스템의 하위시스템 관계를 설명할 수 있다.
- 급식시스템의 유형별 특징과 장·단점을 설명할 수 있다.

1. 시스템의 정의

시스템은 공동의 목표달성을 위해 상호 관련된 하위시스템들을 체계화시켜 놓은 집합체이다. 하위시스템은 그 자체로 하나의 완전한 시스템이지만 독립적이지는 않으며, 전체시스템에 상호의존하고 있는 부분을 의미한다. 시스템 이론은 여러 학문 분야를 통합할 수 있는 공통적인 사고와 연구의 틀을 찾으려는 노력 끝에 상호관련성이나 의존성을 가진 부문들의 결합체를 하나의 시스템으로 파악하고자 하는 접근 방법에 따른 것이며, 급식시스템 모형은 이러한 시스템이론을 급식경영학 분야에 도입한 것이다. **급식시스템**은 급식소 내 하위시스템과 세부기능들이 급식소의 목적달성을 위해 상호작용하고, 급식조직 간의 유기적 관계, 급식소를 둘러싼 환경과의 영향 요인 등을 파악하는 데 필요한 개념이다.

2. 시스템의 특징

시스템의 유형에는 기업체의 조직 같은 주위 환경과 끊임없이 상호작용하는 **개방시스템**이 있고, 인위적으로 주위 환경과 단절시켜 놓은 기계장치와 같은 **폐쇄시스템**이 있다. 급식시스템은 급식소의 외부환경과 끊임없이 상호작용하는 대표적인 개방시스템으로, 급식조직의 목표달성을 위하여 인적 · 물적 · 재정적 자원을 계획, 조직, 지휘, 조정, 통제하는 과정에서 환경과 끊임없는 상호작용을 한다.

1) 개방시스템의 특징

개방시스템의 특징은 상호의존성, 역동적 안정성, 합목적성, 경계의 유연성, 공유영역, 위계질서가 있다는 것이다. 개방시스템의 **상호의존성**은 시스템 부분 간의 상호작용에 의한 통합과 시너지 효과를 창출한다. 개방시스템이 가진 **역동적 안전성**은 내적 외적 환경과 상호작용하며, 변화와 통제에 적응한 균형을 유지한다. 개방시스템이 추구하는 **합목적성**은 이인동과성이라고도 하며, 다양한 투입물이나 변형을 거쳐도 유사하거나 동일한 결과물을 산출한다. 개방시스템은 **경계의 침투성(유연성)**을 통해 변화하는 환경에 의해 상호영향을 주고받으면서 시스템의 접점지역인 경계도 변화한다. 개방시스템은 하위시스템이나 시스템 간의 상호작용이 발생하는 **공유영역**이 있다. 개방시스템에는 **위계질서**가 있어서 하나의 시스템은 여러 하위단계의 하위시스템으로 구성되는 동시에 상위시스템 안에서 한 부분이 된다. 개방시스템의 특징에 대한 예는 다음 [표 2-1]과 같다.

표 2-1 개방시스템의 특징에 대한 급식산업 예

개방시스템의 특징	급식산업에서의 예
상호의존성	• 급식시설의 새로운 기계구입이 생산부서와 판매부서에 영향 줌 • 구매, 생산, 판매, 마케팅팀 등 부서 간 효과적인 정보교환과 상호협력 → 함께 일을 수행함으로써 상승효과를 가져옴
역동적인 안전성	• 새로운 환경에 적응하는 과정: 급식경영관리자가 지속적으로 식재료, 노동, 신기술 개발 등의 비용과 공급상황을 평가하고 변화를 모색
합목적성 (이인동과성)	• 급식시스템이 전통적 급식체계가 아닌 조리저장식 급식체계를 사용하여도 고객에게 질 좋은 음식을 제공한다는 목표는 같음
경계의 침투성 (유연성)	• 병원의 영양과가 병원 내 다른 부서나 정부기관, 지역사회 등의 요구에 의해 변화됨
시스템 간 공유영역	• 병원급식에서 병동급식을 할 때 간호파트와 영양파트의 접점이 발생할 수 있고, 갈등이 발생할 수 있음
시스템의 위계질서	• 병원급식에서 조리, 배식, 창고, 세척 등의 다양한 하위부문들로 구성 • 학교급식은 전체 학교의 조직 중 하나인 동시에 자체에 여러 하위시스템으로 구성

3. 급식시스템의 모형

기본시스템 모형은 **투입** input, **변환과정** transformation, **산출** output의 세 요소로 구성된다. 급식시스템은 외부환경으로부터 다양한 자원들이 투입되어 내부 변환을 거쳐 산출물을 만들어 낸다. 급식시스템 운영을 위해 기본적으로 필요한 인적 · 물적 자원들을 투입하여 산출로 만드는 모든 과정 및 활동에 해당하는 변환을 거쳐 결과물인 산출이 이루어질 때 급식시스템의 기능이 달성된다.

확장시스템 모형은 기본 모형에 **통제** control, **기록** memory, **피드백** feedback이 추가된 모형이다. **통제**는 시스템에서 길잡이 역할을 하는 내적 · 외적 통제요소를 의미하고, **기록**은 시스템 운영에 필요한 정보를 유지하는 것이며, **피드백**은 산출물에 의한 내적 · 외적 환경의 변화를 시스템이 계속 수용하는 과정을 의미한다[그림 2-1].

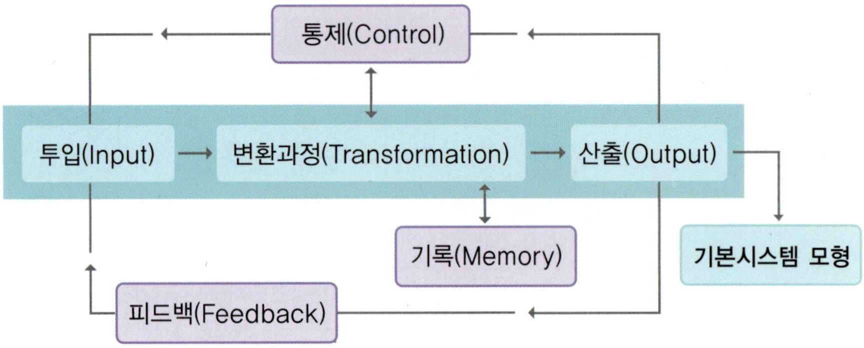

[그림 2-1] **확장시스템 모형**

4. 급식시스템의 구성 요소

1) 투입

투입은 급식시스템의 목적달성에 필요한 자원으로 **인적 · 원료 · 시설 · 운영 자원**을 말한다[그림 2-2]. 회사 차원에서 종사자들의 복지를 위해 프리미엄급 급식소를 운영하고자 한다면 여기에 투입한 인적자원은 일반 급식소의 조리사와 차원이 다른 능력을 갖추고 있어야 하며, 식재료, 물품, 급식시설 및 기기, 설비, 인테리어 등이 차별화되어야 한다.

[그림 2-2] **급식시스템의 투입 요소**

2) 변환과정

변환과정은 자원을 투입하여 산출로 만드는 모든 활동을 말하며, 급식시스템에서 식품을 구매하여 생산하는 활동, 자원을 효율적으로 관리하는 활동이 포함된다. 급식시스템의 변환에는 **경영관리기능** managerial function, **기능적 하위 시스템** functional subsystem, **연결과정** linking process이 상호 관련되어 시스템의 결과를 산출하는 데 상승효과를 발휘하게 된다[그림 2-3].

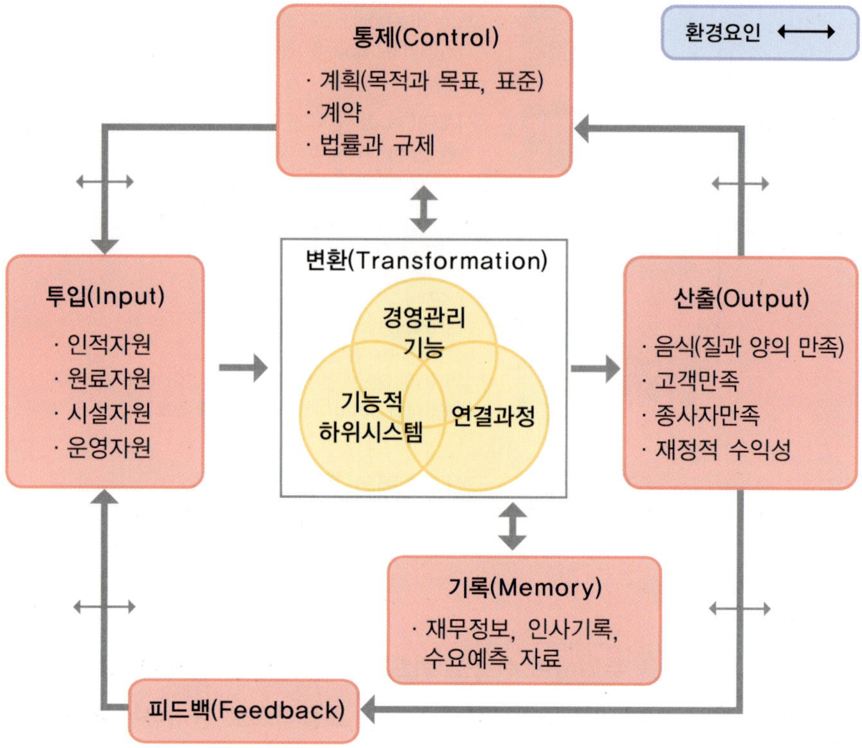

[그림 2-3] **급식시스템 모형**

(1) 경영관리기능

경영관리기능은 급식시스템의 목표를 달성하기 위해 하위시스템들에 대한 **계획** planning, **조직화** organizing, **지휘** leading, **조정** coordinating, **통제** controlling 하는 관리가 필요하다. 급식경영관리자가 위생에 대한 품질 향상을 목표로 한다면 위생관리 프로그램을 계획하여 이를 수행할 조직을 만들고, 위생관리에 필요한 자원 및 설비를 갖추며 이를 활용하는 훈련을 실시하도록 지휘한 후 위생평가를 통해 통제하는 관리가 필요하다.

(2) 기능적 하위시스템

기능적 하위시스템은 급식의 세부기능에 해당하는 **구매** procurement, **급식생산** production, **분배와 배식** distribution and service, **위생유지** sanitation and maintenance 등이 해당되며, 급식소의 목적에 따라 다르게 만들어져야 한다. 급식대상자에 따라 차별화된 프리미엄급 급식을 제공하는 급식소의 경우 매우 정교한 조리 생산체계가 필요하고, 병원의 경우 병동에서 급식을 배식할 때 적온급식이 될 수 있도록 기기와 배식체계를 갖추어야 한다.

(3) 연결과정

연결과정은 급식시스템 내의 수많은 활동을 효과적으로 통합하는 기능으로 **의사결정** decision, **의사소통** communication, **균형유지** balance 활동이 있다. 다양한 상황에서 적절하게 의사결정하여 의사소통을 통해 조직 내 정보를 전달하고, 시스템 내 여러 활동들을 조정하는 균형유지 활동은 시스템이 효과적 변환과정을 이루도록 도와준다.

3) 산출

산출은 급식시스템에서 고객의 욕구를 충족시키는 요소로 투입을 변환하여 만든 결과물이며 **양적 · 질적 음식의 만족**, **고객만족**, **종사자만족**, **재정적 수익성** 등이 해당된다.

4) 통제

통제는 구성원이 미리 수립된 계획에 의한 표준과 일치하게 업무를 수행하도록 하기 위해 평가 · 검토하고 표준과 다른 경우 시정하는 행위로, 시스템의 길잡이 및 안내서 역할을 한다.

통제는 자원의 **효과적 · 효율적** 운영과 평가기준을 제공하는 과정으로 내적통제와 외적통제로 구분된다. **내적통제**는 조직의 목적, 목표, 기준, 지침, 절차 등과 같은 계획으로 구성되며, **외적통제**는 지역이나 국가의 법규 및 규제 또는 외부 회사들과의 계약이 해당된다.

급식시스템의 경우 **가장 강력한 내적 통제도구는 메뉴**로, 메뉴에 따라 급식소의 식자재 비용, 인건비, 필요한 기기 및 설비, 고객과 종사자의 만족도, 이윤 등이 통제 받기 때문이다. 급식소의 계획 및 목표도 내적통제 도구로 사용되기도 한다.

5) 기록

기록은 시스템 운영에 있어서 역사적 기록 및 저장된 정보를 제공한다. 시스템 운영에 필요한 정보와 기록저장, 급식업무 전산화를 통해 과거자료를 분석하여 급식경영관리자가 같은 실수를 되풀이하지 않도록 합리적 의사결정을 도우며 급식소 변화를 예측할 수 있다. 특히 컴퓨터 기능의 급속한 진보는 시스템 기록요소를 혁신적으로 변화시켰다.

6) 피드백

피드백은 결과를 투입에 반영하여 내적 · 외적 환경의 정보를 시스템에 계속 수용하는 과정이다. 외부로 배출된 산출은 피드백 과정을 거쳐 시스템의 다음 순환과정을 위한 투입이 된다. 급식소에 대한 고객들의 의견은 급식경영관리자에게 매우 유용한 피드백 기능을 하는데, 피드백 기능이 없는 급식업체는 고객들의 요구를 정확하게 파악하지 못하기 때문에 자연스럽게 경쟁력을 잃어 도태될 수 있다. 따라서 급식소는 급식에 대한 고객의 자유로운 의견을 수렴할 수 있는 다양한 방법을 강구하여 이를 효과적으로 활용해야 한다. 급식소에서 사용될 수 있는 피드백의 예로 고객의 **급식에 대한 정기적인 평가**, **잔반량 측정**, **손익평가**, **종사자의 수행도와 근로의욕** 등이 있다.

5. 급식시스템의 유형

급식시스템은 생산과정의 흐름에 따라 전통적 급식체계 conventional foodservice system, **중앙공급식 급식체계** commissary foodservice system, **조리저장식 급식체계** ready prepared foodservice system, **조합식 급식체계** assembly foodservice system로 분류할 수 있으며, 식재료의 상태나 조리된 음식의 운송 · 저장 여부에 따라 서로 다른 특징을 가지고 있다.

1) 전통적 급식체계

전통적 급식체계 conventional foodservice system는 가장 오래된 급식체계로 음식의 생산, 분배, 서비스가 모두 동일 장소에서 이루어진다. 준비와 배식 사이의 시간이 다른 급식체계보다 짧고, 음식을 조리한 후 바로 제공하므로 **적온급식**이 가능하다. 그러나 다른 시스템에 비해 **노동생산성**이 낮고 **인건비**가 많이 소요된다[그림 2-4, 표 2-2].

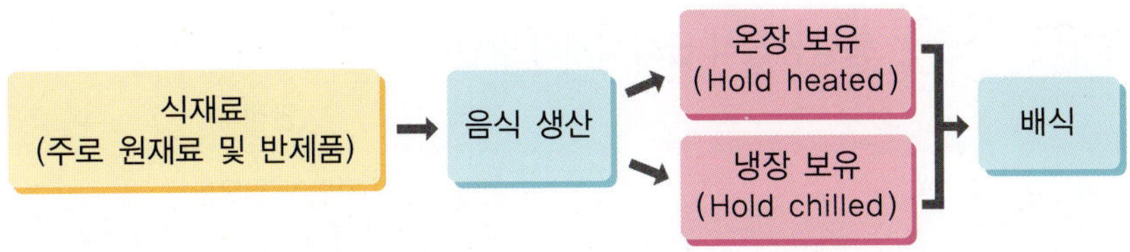

[그림 2-4] **전통식 급식체계**

표 2-2 전통식 급식체계의 장단점

장점	단점
• 고객의 다양한 요구에 대응이 쉬움 • 식자재 가격변화에 따른 메뉴변화에 융통성이 있음 • 냉동 · 냉장 저장공간의 감소로 에너지비용이 절감됨 • 생산된 음식이 바로 고객에게 제공되어 양질의 품질 유지가 가능함	• 노동력 활용이 어렵고 작업스트레스가 높음 • 갑작스런 식수 증가로 인한 음식 공급이 원활하지 못함 • 작업의 피크타임이 생기고 노동생산성 저하로 인건비가 상승함

2) 중앙공급식 급식체계

중앙공급식 급식체계 commissary foodservice system는 중앙에 **공동조리장**을 두어 그곳에서 음식을 대량으로 생산하여 **단위급식소**로 운반 · 배식하는 방식이다. 여러 단위급식소를 가지고 있는 급식조직들은 음식의 생산과 기타 활동을 **중앙집중화**함으로써 노동력 및 경비를 절감할 수 있다[그림 2-5, 표 2-3].

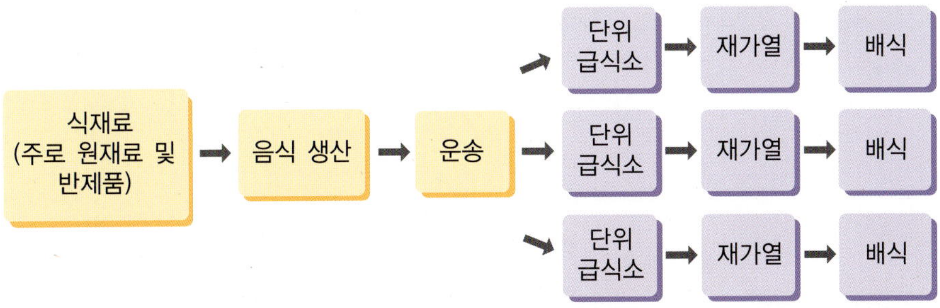

[그림 2-5] **중앙공급식 급식체계**

표 2-3 중앙공급식 급식체계의 장단점

장점	단점
• 생산성이 증가함 • 인건비를 절약할 수 있음 • 시설의 반복 투자를 줄일 수 있음 • 식재료의 대량 구매로 비용을 절감함 • 단위급식소에 같은 품질의 음식을 공급할 수 있음	• 운반도구와 차량이 필요함 • 음식의 미생물적·관능적 품질수준이 저하됨 • 운송차질로 식사제공에 문제가 발생할 수 있음

3) 조리저장식 급식체계

조리저장식 급식체계 ready prepared foodservice system는 음식을 조리한 상태로 미리 준비하여 냉장·냉동 저장한 후 배식하기 직전에 재가열하여 제공하는 방식이다. **음식의 생산과 소비가 분리된 급식제도**로, 인력을 효율적으로 활용할 수 있으나 냉장·냉동을 위한 저장비용이 많이 드는 단점이 있다[그림 2-6, 표 2-4].

조리저장식 급식체계의 저장방법

- **조리-냉장** Cook-Chill **방식:** 음식을 생산한 후 급속냉각하고 0~3℃에서 저장하는 방식
- **조리-냉동** Cook-Freeze **방식:** 음식을 생산한 후 급속냉각하고 -18℃ 이하에서 저장하는 방식
- **수비** Sou-Vide **방식:** 조리-냉장방식의 일종으로, 식품원료를 플라스틱 파우치로 진공포장하고 완전조리 또는 반조리한 후 급속 냉각하고 0~2℃로 저장하는 방식, 개별 포장에 적합

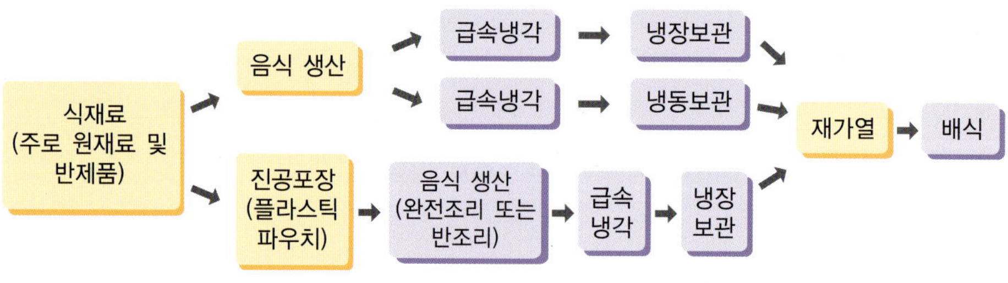

[그림 2-6] 조리저장식 급식체계

표 2-4 조리저장식 급식체계의 장단점

장점	단점
• 음식의 저장기간 연장할 수 있음 • 계획생산이 가능하므로 피크타임 없음 • 식재료비의 절감효과를 기대할 수 있음 • 노동시간의 20%를 절감하는 효과 있음 • 고온에서 음식을 보유하는 것보다 음식의 질이 향상됨	• 고가의 초기 설비투자 비용이 요구됨 • 급식체계에 적합한 표준레시피의 개발이 필요함 • 통제프로그램 및 직원들의 교육·훈련의 필요성이 대두됨

쉬어가기 **조리-냉장Cook-Chill 방식의 개념 및 발전과정**

조리-냉장 방식은 음식물의 급식서비스과정에서 융통성과 편의성을 제공하기 위해 설계된 것으로 식품 준비를 위한 간단한 제어시스템의 일종이다. Cook-chill이란 단어는 일반적으로 '조리 후 급속냉각'으로 번역되지만, 조리와 급속냉각 및 적정 온도에서의 식품의 저장(최대 5일까지)과 식품 서비스에 앞선 재가열과정까지도 포함되는 개념이다. 조리-냉장 방식은 잘 관리하면 운영하기 간단하며, 온도 제어에 대한 HACCP 안전 지침도 완벽하게 준수된다. 이를 위해 급속냉각장치로 blast chiller와 조리된 식품의 저장장치로 냉장고reach-in/walk-in가 필요하다.

한편 조리-냉장 방식 담당자들은 미생물 관리 관련 기기의 작동 방법에 대한 사전 교육이 필수적이다. 조리-냉장 방식을 통한 급식의 전체과정은 다음과 같다.

원재료 선택 → 원재료 저장 → 전 처리(preparation) → 조리(cooking) → 분류(portioning) → 급속냉각(blast chilling) → 냉각한 식품의 저장 → 음식의 재 가열(reheating) → 급식(foodservice)

조리-냉장 방식은 1970년대 영국에서 헬스케어를 목적으로 처음 개발되었고 현재 유럽과 미국, 일본 등 선진 각국의 헬스케어시설, 병원·학교 등의 단체급식시설, 호텔, 식당 등의 업계에서 광범위하게 도입·운영되고 있다. 우리나라에는 1990년대부터 식료품 회사를 중심으로 도입되었으며 현재는 편의점·대형마켓 등의 유통시설, 병원·학교 등의 단체급식시설, 호텔·레스토랑·식당 체인점 등의 급식시설에서 광범위하게 이용되고 있다.

4) 조합식 급식체계

조합식 급식체계 assembly foodservice system는 **편이식 급식체계** convenience foodservice system라고도 하며, 반조리 또는 완전조리 가공품을 식품제조회사에서 **1인분 단위** 또는 1인분씩 냉동한 상태로 구매하여 저장, 가열, 조합만 해서 제공하는 것을 말한다. 가공품 및 편이식품을 이용하여 녹이거나 데우고 분량을 조정하는 등 **'최소한의 조리'** 라는 급식개념이다[그림 2-7, 표 2-5].

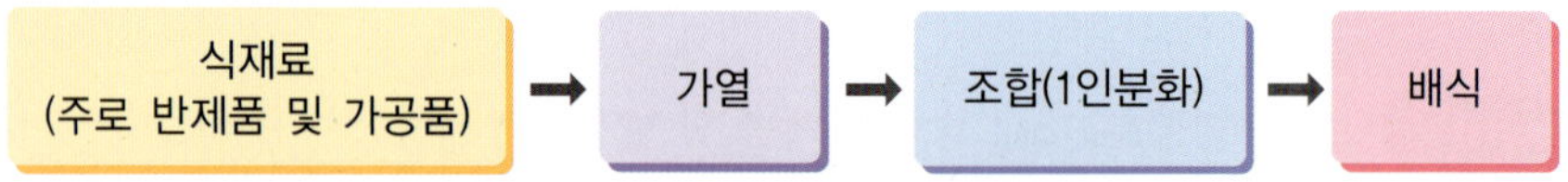

[그림 2-7] **조합식 급식체계**

표 2-5 조합식 급식체계의 장 · 단점

장점	단점
• 인건비 절감 및 생산성이 증가함 • 동일한 음식의 질을 유지할 수 있음 • 최소한의 도구를 사용한 급식으로 빠른 서비스가 가능함	• 단가가 비쌈 • 다양한 메뉴 제공이 어려움 • 식재료들의 저장 공간이 필요함 • 환자의 치료식(병원식)의 적합치 못함

Chapter 03 급식경영관리자

학습목표

- 급식경영관리자의 유형과 역할을 설명할 수 있다.
- 급식경영관리계층별 요구되는 관리기능, 관리능력과 비중 차이를 설명할 수 있다.
- 급식경영관리자의 역할을 민츠버그의 경영자 역할에 비추어 세부적으로 설명할 수 있다.
- 경영관리 순환 사이클과 경영관리축을 설명할 수 있다.
- 급식경영의 업무적 기능을 설명할 수 있다.
- 영양사의 근무시설별 직무의 차이를 비교·설명할 수 있다.

1. 급식경영관리자의 유형

최근 한 사람의 급식경영관리자가 경영관리기능을 모두 수행하기 어려울 정도로 급식조직의 규모가 확대되고 활동내용이 복잡해짐에 따라 다양한 급식경영관리자 유형이 등장하였다. 모든 경영자는 경영관리기능을 수행하며 기능에 투자되는 시간과 노력의 비중, 책임과 권한 범위에 따라 다양한 유형으로 분류된다. 경영자는 **조직 내 책임과 역할 범위**에 따라 전반경영자인 **일반 경영관리자**와 **기능 경영관리자**로 나뉘고, 수행하는 **경영직능과 감독범위**에 따라 **최고경영층**, **중간관리층**, **하위관리층**으로 구분된다.

일반 급식경영관리자는 급식부서의 모든 활동에 책임을 지고 전문화되지 않은 업무를 관리하며 **기능 급식경영관리자**는 조직 내 특정 부문이나 기능에 대해 책임지고 전문화된 업무를 관리한다. 급식소의 점장은 일반 급식경영관리자이며, 중간관리층으로 분류되는 것이 일반적이다. 점장은 경영활동인 **전략**, **관리**, **운영** 중에서 관리활동에 많이 참여하게 된다.

1) 급식경영관리계층

급식경영관리계층은 **피라미드 형태**의 **삼각형구조**로, 위에서부터 **최고경영층** top managers, **중간관리층** middle managers, **하위관리층** first-line managers 또는 **일선감독자층** supervisors의 3계층으로 구분된다.

최고경영층은 조직경영을 총괄하며, 조직의 전략적 정책을 수립하고, 방향을 제시한다. **중간관리층**은 부서별 세부업무를 관장하며 해당 부서의 정책수행, 상하 간 의사소통과 균형을 유지한다. **하위관리층**은 일선감독자층으로 종사자를 직접 관리하고, 일상적 작업활동을 감독한다. 예를 들어 대학교 학생식당을 위탁받아 운영하는 위탁급식전문업체의 경우, 사장과 이사는 최고경영층에 해당하며, 지역본부장과 지역총책임자는 중간관리층에 속한다. 급식소 점장은 급식운영과 조리원들을 관리 · 감독하고 책임지는 하위관리층에 속하게 된다.

모든 경영층은 직위에 상관없이 **의사결정**을 하며, **계획수립**, **조직화**, **지휘**, **통제**의 기능을 수행하지만 기능에 투자하는 시간의 양이 달라서 최고경영층일수록 전략부분에 해당하는 계획수립, 조직화, 통제기능을 많이 수행하며, 하위로 갈수록 실제 운영과 관련된 지휘기능을 많이 수행하게 된다. 기능별 업무내용도 다른데 최고경영층이 조직 전체의 구조를 계획하는 일을 한다면 하위관리층인 일선감독자층은 개인과 부서 단위의 업무를 계획한다[그림 3-1].

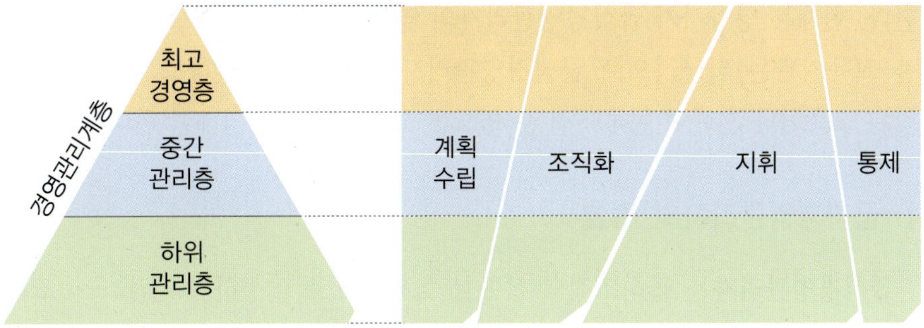

[그림 3-1] **경영관리계층에 따른 관리기능의 중요성**

2) TQM관리계층

TQM관리계층은 급식조직에서 **종합적 품질경영**의 중요성이 부각되면서 새롭게 변화되는 계층구조를 반영한 것이다. 전통적인 급식조직구조인 **피라미드 형태**에서 **역삼각형모양**으로 역전되어 고객과 하위관리층의 위상을 강조한 관리계층 모형은 다음과 같다[그림 3-2].

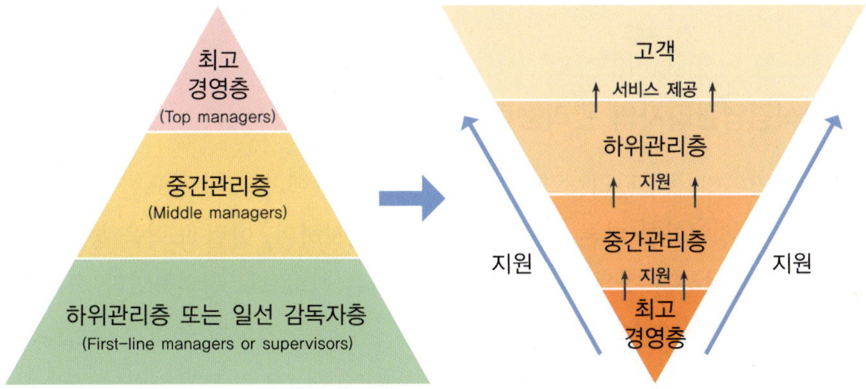

[그림 3-2] **종합적 품질경영에 따른 관리계층의 변화**

2. 급식경영관리자의 역할 및 능력

급식경영관리자는 급식종사자가 즐겁고 보람 있게 일할 수 있고, 급식소 고객이 감동할 수 있는 음식과 서비스를 제공할 수 있도록 급식소를 경영해야 한다. 현재는 영양사가 급식경영관리자의 역할을 담당하고 있으며, 영양사 배출 교육기관은 적극적으로 급식경영관리자의 역할을 개발하고, 급식실무에 맞는 교육이나 훈련이 이루어질 수 있도록 교육과정을 운영해야 한다.

1) 급식경영관리자의 역할

급식경영관리자는 급식조직의 목표를 효과적으로 달성하기 위해 급식조직을 이끌고 결과에 책임을 지는 사람이다. 1960년대 후반 **민츠버그** Mintzberg는 여러 종류의 경영자들이 어떠한 일들을 실제로 수행하며 시간을 보내는지 연구한 것을 토대로 경영자역할을 크게 **대인간 역할** interpersonal role, **정보전달 역할** informational roles, **의사결정 역할** decisional roles로 분류하고, 다시 10개 세부역할로 나누어 제시하였다. 민츠버그에 따르면 경영자는 **대인간 역할**로 대표자 figurehead, 지도자 · 리더 leader, 연결자 liaison, **정보전달 역할**로 정보탐색자 · 감시자 monitor, 정보제공자 · 전달자 disseminator, 대변인 spokesperson, **의사결정 역할**로 기업가 entrepreneur, 문제해결사 · 갈등조정자 disturbance handler, 자원배분자 resource allocator, 협상자 negotiator가 된다고 하였다[표 3-1].

2) 급식경영관리자의 관리능력

급식경영관리자의 관리능력은 자신의 직무를 수행하는 데 필요한 능력으로, **카츠** Katz는 경영자를 다른 사람에게 활동을 지시하며, 이런 노력을 통해 정해진 목표를 달성하는 것에 대한 책임을 수행하는 사람으로 정의하였다. 또한 경영자에게 필요한 기본적인 관리능력 managerial skill을 **기술적 능력** technical skill, **인력관리능력** human skill, **개념적 능력** conceptual skill으로 분류하였다[그림 3-3, 표 3-2]. **기술적 능력**은 전문적 기술로, 전문분야에서 맡은 바 업무를 이해하고 능숙하게 수행하는 실무적 능력이다. 경영기법, 수단, 운영 프로세스 등을 활용할 수 있는 능력이다. **인력관리능력**은 대인적 기술로, 조직구성원간의 원만한 인간관계를 유지하고 조직의 리더로 업무를 통솔하고 지휘하는 능력이며 조직구성원들과 조화를 이루고 원활한 의사소통을 할 수 있는 능력이다. **개념적 능력**은 조직을 하나의 시스템으로 파악하고 부분간 상호관계를 인식하는 능력이며, 거시적 안목에서 조직을 바라보고 조직의 상호관련성을 파악하는 능력이다.

급식경영관리자의 계층에 따라 관리능력의 중요성이 상대적으로 달라질 수 있다. **개념적 능력**은 **상위계층으로 갈수록**, **기술적 능력**은 **하위계층으로 갈수록** 중요하며, **인력관리능력은 모든 계층**에서 중요하다.

표 3-1 민츠버그의 급식경영관리자 역할

역할		내용
대인간 역할	대표자	급식경영관리자의 상징적인 기능으로 급식소를 대표함 예) 위탁급식소의 점장: 공식적인 서명, 고객사의 담당자와 면담, 급식소를 방문하는 고객에 대한 접견 등 의식적인 일을 수행
	지도자 · 리더	종사자의 작업과 관련된 활동을 지도하고 조정함 • 재량권과 금전적 · 신분적 보상을 공정하게 수행해야 함 • 종사자에게 동기부여를 하기 위해 먼저 자신의 열정과 추진력을 보여주어 종사자들의 귀감이 될 수 있도록 솔선수범함
	연결자	급식소의 내 · 외부, 상하 및 좌우의 관계에 있어서 연결고리의 역할을 함
정보전달 역할	정보 탐색자 · 감시자	급식소 외부환경과 관련되어 있는 정보를 지속적으로 직 · 간접적인 방법을 통하여 수집함
	정보 제공자 · 전달자	수집된 정보를 급식종사자들 및 기타 조직구성원들에게 전달함
	대변인	급식소 외부의 이해관계 집단에게 급식경영에 있어서의 공식적인 입장에 관한 객관적인 사실을 대변함

역할		내용
의사결정 역할	기업가	급식조직 내의 혁신적인 방법을 모색해야 함 • 새로운 아이디어를 창출하고 종사자들과 공유하기 위해 급식경영의 새로운 방법에 대한 의사결정을 과감하게 내려야 함
	문제해결사 · 갈등조정자	노사관계, 일정계획, 계약관계 등에 대한 문제를 취급함 • 급식소 내부와 외부의 문제에 대하여 신속하게 원인을 파악하고 분석하여 올바른 판단을 통해 문제해결
	자원배분자	한정된 인적 · 물적 자원을 최대한 효율적으로 배분하여 급식소를 운영함
	협상자	급식소에 입고되는 식재료 및 물품의 공급자 등과의 협상에 있어서 급식경영의 목표달성에 불리함이 없도록 협상함

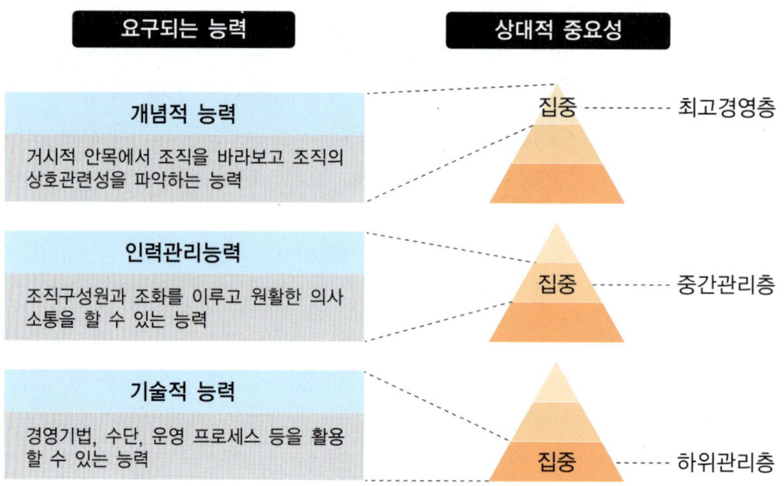

[그림 3-3] 경영계층과 관리능력

표 3-2 급식경영관리자에게 필요한 경영능력

종류	세부 내용
개념적 능력	의사결정능력, 경영과학기법 및 경영분석에 대한 지식 등
인력관리능력	종사자와 의사소통능력, 동기부여 기술 등
기술적 능력	표준레시피 작성, 대량조리기술, 기기사용법 교육, 급식전산프로그램 사용 등

3. 급식경영관리자의 관리적 기능

경영관리는 경영목적을 가장 효과적으로 달성하고, 경영상 업무수행이 이루어질 수 있도록 여러 가지 시책을 체계적으로 **계획** plan하고 **실행** do한 뒤, 실행의 결과와 계획을 비교해서 이를 **평가** see하는 것이다. 경영의 관리적 기능은 세부기능을 연쇄적으로 순환하는 구조를 가지며 모든 학자들이 공통적인 과정요소를 제시하고 있는 것은 **계획수립** planning, **조직화** organizing, **통제화** controling기능으로, 이 세 가지 기능이 관리과정의 핵심이다.

1) 경영관리 순환체계

경영관리과정의 기능은 단독으로 성립 또는 실행되지 않으며 서로 순환체계를 이루어 돌아가는데 이를 관리기능의 순환체계 management cycle라고 한다. 관리순환 모형은 PDS 또는 POC 사이클로 제시되며, **PDS 사이클**은 **계획** plan, **실행** do, **평가** see의 첫 글자로 표시한 약어로 기본적인 관리기능의 순환성을 표현한 것이고, **POC 사이클**은 관리기능인 **계획수립** planning, **조직화** organizing, **통제화** controlling의 첫 글자를 표시한 약어로, 다양한 관리과정의 동적인 개념을 포함한 것이다[그림 3-4].

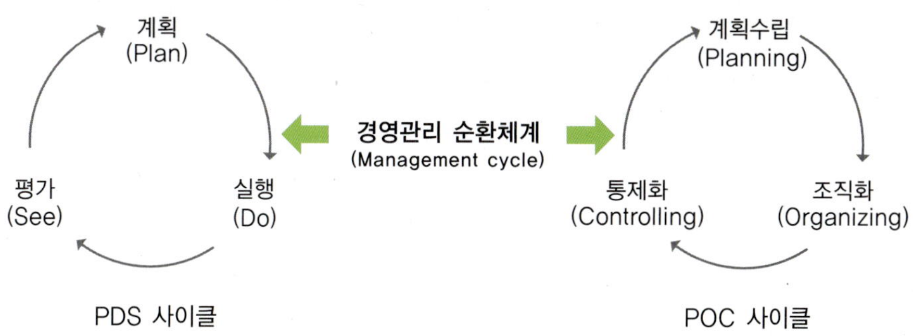

[그림 3-4] PDS와 POC 사이클

2) 경영관리과정

프랑스 광업회사의 사장이었던 **페이욜** Fayol은 경영관리기능을 **계획수립** planning, **조직화** organizing, **지휘** directing, **조정** coordinating, **통제** controlling로 제안하였고[그림 3-5], 지휘와 조정 사이에 **동기부여** motivation기능을 포함시키기도 한다. 경영관리기능은 각각 독립된 상태로 수행하는 것이 아니고, 상호 밀접한 연관성에 의해 순환한다.

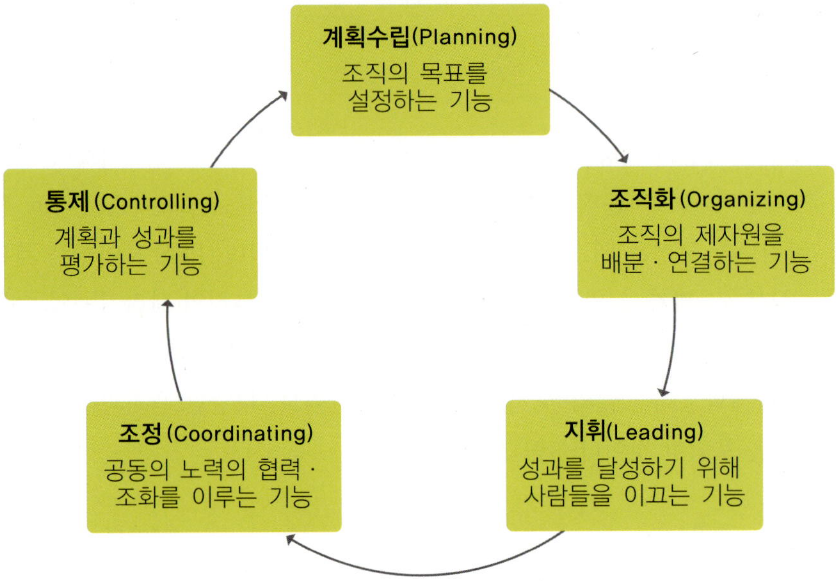

[그림 3-5] 경영관리과정

계획수립은 조직의 목표를 세워 목표달성을 위한 가장 좋은 방법을 찾는 행위이고, **조직화**는 수립된 계획의 성공을 위한 조직 구성을 결정하고 인적 · 물적 자원을 배분하는 행위이다. **지휘**는 종사자들이 조직의 목표달성에 요구되는 업무를 잘 수행할 수 있도록 독려하고 감독하는 행위이며, **조정**은 계획을 달성하기 위해 조직화된 지위와 활동을 조화시키는 것이다. **통제**는 경영활동에서 수립된 계획과 표준에 일치하도록 평가 · 검토하여 이를 시정하는 행위이고, **평가**는 조직의 목적 및 성취도를 결정하는 것이다. 모든 기능이 잘 조화될 때 경영활동이 이루어지고, **피드백**을 통해 문제를 해결하는 효과적인 관리과정이다.

경영관리기능의 연관성을 이해하는 것은 조직의 목적달성에 매우 중요하다. 관리적 노하우는 기술적 또는 운영상의 노하우와 근본적으로 다르며, 기업의 실패 원인 중 90%가 관리의 잘못 때문이라는 보고를 통해, 경영관리기능이 조직 성공의 핵심적 역할을 한다는 것을 알 수 있다.

3) 경영관리축

급식소의 경영목표를 달성하기 위해서는 효율적인 경영활동을 통해 경영기능이 원활하게 수행되어야 한다. 경영관리기능은 독립적이지 않고, 상호의존적이어서 전체적 관점으로 보면 **축** wheel **모형**으로 나타낼 수 있다. **동기부여** motivation기능은 축의 바깥에서 목적달성의 속도를 조정한다. 동기부여가 잘된 경우 바퀴를 목적지까지 빨리 굴러가게 하고, 동기부여가 잘 되지 않으면 반대 방향으로 구르게 한다. 축 중심부위에 있는 관리자 주위의 **의사소통** communication기능은 전체 경영기능을 원활하게 한다. 의사소통이 잘 안 되는 경우 바퀴살이 뒤틀리거나 삐거덕거리고, 적절한 조치가 계속 없을 경우 조직의 경영활동이 마비된다[그림 3-6].

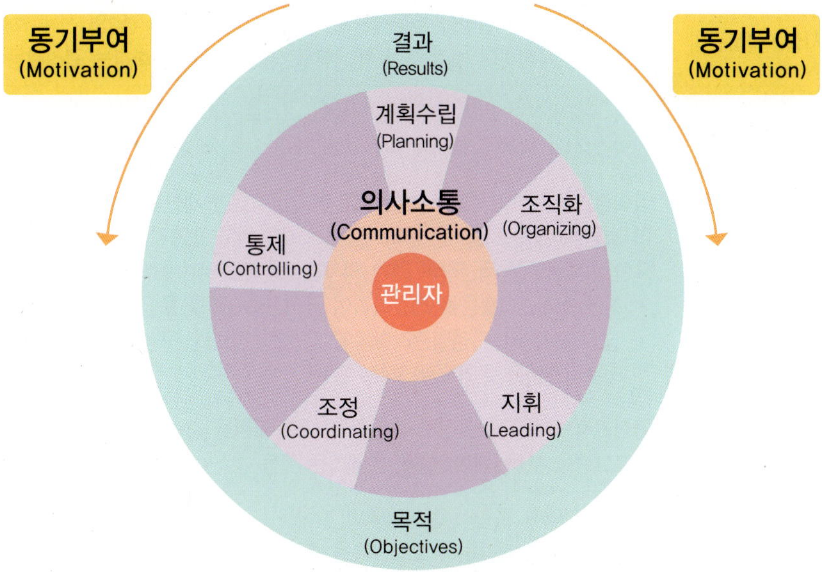

[그림 3-6] 경영관리축

4. 급식경영관리자의 업무적 기능

급식경영관리자의 업무적 기능은 **메뉴관리, 구매관리, 생산관리, 위생관리, 시설 · 설비관리, 인적자원관리, 회계 · 정보관리, 급식마케팅, 급식품질경영** 등이다. 관리적 기능과 업무적 기능을 명확히 규명하기 어렵지만 관리적 기능이 있음으로 업무적 기능이 효율적으로 수행될 수 있다[표 3-3].

표 3-3 급식경영관리자의 업무적 기능

기능	내용
메뉴관리	급식에 제공되는 메뉴를 고객의 요구와 기호도에 맞게 지속적으로 개선하고 개발하는 관리활동
구매관리	적절한 시기에 급식조직에 필요한 물자를 적절한 공급원으로부터 적정 가격에 구매, 저장하며 재고를 관리하는 활동
생산관리	유 · 무형의 자원을 사용하여 급식조직에서 음식과 서비스를 생산하는 조리작업 및 생산시스템을 계획, 실행, 통제하는 일련의 활동
위생관리	급식소에서 생산하는 음식의 위생적 품질을 확보하기 위해 식재료, 조리인력, 시설과 설비들의 위생적 안전성을 관리하는 활동
시설 · 설비관리	급식소의 시설과 설비를 효율적으로 계획하고 식재료와 작업의 전체 흐름과 동선을 개선하여 시간, 노동력, 식재료의 낭비를 최소화하는 관리활동
인적자원관리	조직 목표달성을 위해 조직구성원들이 스스로 기여하여 조직의 발전과 개인의 발전을 함께 달성하게 하는 제도와 기술의 체계를 관리하는 활동
회계 · 정보관리	급식경영 제반 비용의 분석, 손익평가와 급식원가 계산을 통하여 급식운영이 효율적이었는지를 분석하고 급식소 내 · 외부 관계자들에게 관리에 필요한 회계정보를 제공하여 경영 의사결정을 지원하는 관리활동 • 최근 회계관리활동을 전산화하여 급식정보관리를 통합하고 있음 • 급식정보관리는 경영관리활동에 필요한 정보를 구성원에게 제공하는 정보시스템을 운영 · 관리하는 활동
급식마케팅	급식조직의 목표를 달성하기 위해 고객과 교환을 창출하고 유지하기 위한 프로그램을 분석, 계획, 실행, 통제하는 활동
급식품질경영	• 급식경영에 종합적 품질경영의 철학을 도입하여 양질의 급식서비스를 지속적으로 제공하여 고객만족을 증대시키고자 하는 관리활동 • 고객만족, 공정개선, 전사적 참여를 통해 지속적으로 품질을 개선하는 것이 종합적 품질경영의 목표임

쉬어가기 경영자가 보는 실패와 실수

IBM의 창업자 톰 왓슨 Tom Watson

젊은 종사자가 실패한 계획으로 회사에 1,000만 달러의 손해를 입힌 적이 있었다. 종사자는 왓슨이 당연히 자신을 해고할 것이라고 생각했으나, 왓슨은 이렇게 말했다. "너무 걱정하지 말게, 자네를 교육시키는 데 단돈 1,000만 달러를 투자했을 뿐이니까!"

다우 케미컬 Dow Chemical**의 창업자 허버트 다우** Herbert Dow

다우 케미컬 초기 시절, 한 사람이 창립자 허버트 다우를 찾아와서 일자리를 청했다. 그가 자신의 능력을 강조하며 일을 하면서 한번도 실수를 범한 적이 없었다고 하자 다우는 "우리 회사는 3,000명의 직원들이 있소, 평균적으로 그들은 매일 3,000번의 실수를 한다오. 나는 완벽한 사람을 고용해서 그들을 모욕할 생각이 없소."라고 하면서 그를 돌려보냈다.

5. 급식경영관리자: 영양사

급식경영의 일반 관리자에는 급식부서의 모든 활동에 책임을 지며, 전문화되지 않은 업무관리를 하는 **매니저**와 **점장**이 있고, 기능적 관리자는 조직 내 특정 부문이나 기능에 대해 책임을 지는 **임상영양사** 등이 있다.

통계청의 **표준산업직업분류**에 의한 **영양사**는 **보건사회복지전문가**로 건강증진 및 질병치료를 목적으로 개인 및 단체에 균형 잡힌 음식물을 공급하기 위하여 식단을 계획하고 조리 및 공급을 감독하는 업무를 수행한다.

1) 영양사의 주요 업무

- 영양관리를 조언하는 경우 **상담영양사**로 호칭되기도 하며, 의사의 처방에 따라 환자식을 준비하여 공급하는 경우 임상영양사로 호칭되기도 한다.
- 조리담당자의 조리 · 위생 상태를 관리 · 감독하며, 조리된 음식의 조화 · 맛 · 질감을 평가하기 위하여 검식을 한다.
- 사용식품의 신선도를 검사하며, 사용식품의 함유열량의 단위를 계산하고 섭취영양소의 양을 분석한다.
- 주방기구 · 시설 · 설비의 위생을 점검하고 감독하며 일일 식품소비량을 관리한다.
- 영양기법과 응용에 관하여 연구 · 개발하고 이들을 적용한다.

2) 시설별 영양사의 역할과 업무

시설별 영양사의 역할과 업무는 [표 3-4]와 같다.

표 3-4 시설별 영양사의 역할과 업무

<table>
<tr><th>시설</th><th colspan="3">역할과 업무</th></tr>
<tr><td rowspan="2">산업체</td><td>급식관리</td><td>• 급식운영 계획수립
• 식단작성
• 식품재료의 선정, 검수 및 관리
• 구매관리
• 재고관리
• 조리, 검식 및 배식관리
• 위생 및 안전관리</td><td>• 원가관리
• 작업관리
• 인사관리
• 급식시설 및 설비관리
• 사무관리
• 급식평가
• 급식종사자 교육</td></tr>
<tr><td colspan="3">• 급식자의 영양교육 및 상담
• 직업병 및 성인병 예방을 위한 연구조사</td></tr>
<tr><td rowspan="2">학교</td><td>급식관리</td><td>• 급식운영 계획수립
• 식단작성
• 식품재료의 선정, 검수 및 관리
• 구매관리
• 재고관리
• 조리
• 검식 및 배식관리
• 위생 및 안전관리</td><td>• 원가관리
• 작업관리
• 인사관리
• 급식시설 및 설비관리
• 사무관리
• 급식평가
• 급식종사자 교육</td></tr>
<tr><td colspan="3">• 영양 및 식생활개선에 관한 학생 지도와 학부모 상담 및 교육
• 효율적인 학교급식을 실행하기 위한 교직원 교육
• 교육자료 개발, 연구 및 업무 능률 향상 활동</td></tr>
<tr><td>병원</td><td>급식관리</td><td>• 급식운영 계획수립
• 식단작성
• 식품재료의 선정, 검수 및 관리
• 구매관리
• 재고관리, 조리, 검식 및 배식관리
• 위생 및 안전관리
• 원가관리</td><td>• 작업관리
• 인사관리
• 급식시설 및 설비관리
• 사무관리
• 급식평가
• 급식종사자 교육</td></tr>
</table>

<table>
<tr><th>시설</th><th colspan="3">역할과 업무</th></tr>
<tr><td>병원</td><td>임상영양관리</td><td>• 영양판정
• 영양상담 및 교육
• 식사섭취 조사</td><td>• 의무기록
• 식사회진
• 영양교육자료 개발</td></tr>
<tr><td rowspan="2">사회복지시설</td><td>급식관리</td><td>• 급식운영 계획수립
• 식단작성
• 식품재료의 선정, 검수 및 관리
• 구매관리
• 재고관리
• 조리, 검식 및 배식관리
• 위생 및 안전관리</td><td>• 원가관리
• 작업관리
• 인사관리
• 급식시설 및 설비관리
• 사무관리
• 급식평가
• 급식종사자 교육</td></tr>
<tr><td colspan="3">• 재활능력 증진을 위한 수급자의 기초 식습관 교육 및 식생활 지도
• 급식자의 직능훈련 및 기능회복 훈련을 위한 체력 유지 대책연구</td></tr>
<tr><td>보건소</td><td colspan="3">• 영양지도의 기획, 분석, 평가 및 영양 상담
• 지역주민의 영양지도 및 상담
• 영양조사 및 지역주민의 영양평가 실시
• 영양 교육자료의 개발, 홍보 및 영양교육
• 집단 급식시설에 대한 현황 파악 및 급식업무 지도</td></tr>
<tr><td>기타</td><td colspan="3">대학, 연구기관, 국가 및 지방자치 단체, 식품회사, 요리학원, 스포츠 헬스센터, 매스컴 관련업, 약국, 다이어트 전문회사, 영양정보센터 등에서 제품개발, 홍보, 상담, 교육 등의 역할 담당</td></tr>
</table>

쉬어가기 **국가법령정보센터에 나타난 현행 법령상 영양사**

영양사 고용 관련법

식품위생법 제52조(영양사)

① 집단급식소 운영자는 영양사(營養士)를 두어야 한다. 다만, 다음 각 호의 어느 하나에 해당하는 경우에는 영양사를 두지 아니하여도 된다.

1. 집단급식소 운영자 자신이 영양사로 직접 영양지도를 하는 경우
2. 1회 급식인원 100명 미만의 산업체인 경우
3. 제51조 제1항에 따른 조리사가 영양사의 면허를 받은 경우

② 집단급식소에 근무하는 영양사는 다음 각 호의 직무를 수행한다.

1. 집단급식소에서의 식단 작성, 검식(檢食) 및 배식관리
2. 구매식품의 검수(檢受) 및 관리
3. 급식시설의 위생적 관리
4. 집단급식소의 운영일지 작성
5. 종사자에 대한 영양지도 및 식품위생교육

영양사 면허의 자격 요건

국민영양관리법 제15조(영양사의 면허)

① 영양사가 되고자 하는 사람은 다음 각 호의 어느 하나에 해당하는 사람으로 영양사 국가시험에 합격한 후 보건복지부장관의 면허를 받아야 한다.

1. 「고등교육법」에 따른 학교에서 식품학 또는 영양학을 전공한 자로 교과목 및 학점이수 등에 관하여 보건복지부령으로 정하는 요건을 갖춘 사람
2. 외국에서 영양사면허를 받은 사람
3. 외국의 영양사 양성학교 중 보건복지부장관이 인정하는 학교를 졸업한 사람

② 보건복지부장관은 제1항에 따른 국가시험의 관리를 보건복지부령으로 정하는 바에 따라 시험관리능력이 있다고 인정되는 관계 전문기관에 위탁할 수 있다.

③ 영양사 면허와 국가시험 등에 필요한 사항은 보건복지부령으로 정한다.

제1항 제1호에서 "교과목 및 학점이수 등에 관하여 보건복지부령으로 정하는 요건을 갖춘 사람"이란 별표 1에 따른 교과목 및 학점을 이수하고 졸업한 사람 및 제8조에 따른 영양사 국가시험의 응시일로부터 3개월 이내에 졸업이 예정된 사람을 말한다. 이 경우 졸업이 예정된 사람은 그 졸업예정시기에 별표 1에 따른 교과목 및 학점을 이수하고 졸업하여야 한다.

영양사의 업무

국민영양관리법 제17조(영양사의 업무) 영양사는 다음 각 호의 업무를 수행한다.

1. 건강증진 및 환자를 위한 영양 · 식생활 교육 및 상담
2. 식품영양정보의 제공
3. 식단 작성, 검식(檢食) 및 배식관리
4. 구매식품의 검수 및 관리
5. 급식시설의 위생적 관리
6. 집단급식소의 운영일지 작성
7. 종사자에 대한 영양지도 및 위생교육

영양사의 면허취소

국민영양관리법 제21조(면허취소 등)

① 보건복지부장관은 영양사가 다음 각 호의 어느 하나에 해당하는 경우 그 면허를 취소할 수 있다. 다만, 제1호에 해당하는 경우 면허를 취소하여야 한다.
  1. 제16조 제1호부터 제3호까지의 어느 하나에 해당하는 경우(결격사유 해당자-정신질환자, 감염병환자 중 보건복지부령으로 정하는 사람, 마약 대마 또는 향정신성의약품중독사, 영양사면허취소처분을 받고 취소된 날에서 1년이 지나지 않은 사람)
  2. 제2항에 따른 면허정지처분 기간 중에 영양사의 업무를 하는 경우
  3. 제2항에 따라 3회 이상 면허정지처분을 받은 경우

② 보건복지부장관은 영양사가 다음 각 호의 어느 하나에 해당하는 경우 6개월 이내의 기간을 정하여 그 면허의 정지를 명할 수 있다.
  1. 영양사가 그 업무를 행함에 있어서 식중독이나 그 밖에 위생과 관련한 중대한 사고 발생에 직무상의 책임이 있는 경우
  2. 면허를 타인에게 대여하여 이를 사용하게 한 경우

③ 제1항, 제2항 및 제5항에 따른 행정처분의 세부적인 기준은 그 위반행위의 유형과 위반의 정도 등을 참작하여 대통령령으로 정한다.

④ 보건복지부장관은 제1항의 면허취소처분 또는 제2항의 면허정지처분을 하고자 하는 경우에는 청문을 실시하여야 한다.

⑤ 보건복지부장관은 영양사가 제20조의 2에 따른 신고를 하지 아니한 경우에는 신고할 때까지 면허의 효력을 정지할 수 있다.

급식경영학

Chapter 04

급식경영관리 계획수립

01 계획수립의 개념

02 계획수립의 단계와 경영관리계층

03 계획의 분류

04 계획수립의 기법

학습목표

- 계획의 개념을 이해하고 계획의 분류기준에 따라 계획의 종류를 나열할 수 있다.
- 계획의 수립과정 및 계획의 계층구조를 관리계층과 연결할 수 있다.
- 계획을 적용기간과 용도에 따라 분류하고 설명할 수 있다.
- 벤치마킹의 개념과 과정을 설명할 수 있다.
- 스왓분석의 개념을 급식전략계획의 수립에 적용할 수 있다.
- 목표관리법의 정의, 진행단계, 장·단점을 설명할 수 있다.

1. 계획수립의 개념

계획이란 앞으로 무엇을 할 것인가를 결정하는 것을 말한다. 조직의 관리에 필요한 여러 가지 활동들을 합리적으로 수행하기 위해서는 조직의 나아갈 방향과 그에 따른 행동과정의 결정이 먼저 진행되어야 한다. 경영관리과정의 첫 단계인 **계획수립** planning은 조직의 목표 및 미래의 활동과정을 설정함으로써 최소한의 비용으로 최대의 효과를 얻도록 하는 데 도움이 되는 과정으로서 **조직화** organizing, **지휘** leading, **통제** controlling기능의 기초이며 필수불가결한 전제조건이다[그림 4-1]. 예를 들면, 급식조직의 경우 계획수립과정에서 메뉴가 정해지면 생산부서에서 조리업무를 분담하는 조직화가 이루어지고, 지휘과정을 통해 조리종사자에게 업무를 지시하며 통제과정을 통해 음식의 품질과 가격이 정해지며 모든 업무는 계획에 따라 진행된다. 계획수립의 장·단점은 [표 4-1]과 같다.

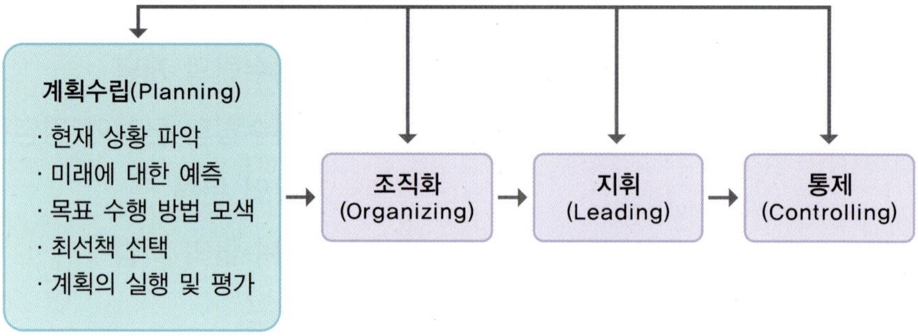

[그림 4-1] 경영관리과정과 계획수립

표 4-1 계획수립의 장·단점

종류	장·단점의 예시
장점	• 경영활동 중 조정이 쉽다. • 경영자의 노력이 절약된다. • 조직화, 지휘, 통제의 기초가 된다. • 권한을 위임하거나 양도하기 쉽다. • 미래의 불확실성과 환경변화에 대처할 수 있다. • 비능률적인 노력을 제거함으로써 최선의 방법을 이용할 수 있다.
단점	• 정확하게 예측하기가 어렵다. • 한번 설정된 계획은 변경하지 않으려는 경향이 있다. • 계획에 시간과 비용 즉, 인적·물적자원이 많이 든다.

2. 계획수립의 단계와 경영관리계층

계획수립은 일련의 **계층** hierarchy을 형성하며 경영관리계층과 상호 연결된다. 계획의 첫 단계는 **조직의 목적 및 목표** objectives, goals를 설정하는 것이다. 이러한 목적과 목표는 하위 부문 목표설정의 기초가 되며 일단 조직의 목적과 목표가 설정되면 이를 성취하기 위해 세부계획을 수립하게 되는데, 세부계획은 **방침** policies, **절차** procedures, **방법** methods의 3단계로 구체화된다.

목적이나 **목표**는 수가 적고 광범위한 계획으로 목표의 실행을 위한 지침서의 역할을 한다. 세부계획인 **방침**이나 **절차**와 **방법**은 수가 많고 보다 구체적인 계획으로 목표실행을 위한 실제적인 단계라고 할 수 있다. **방침**은 조직의 지배층에 있는 관리자가 개발·결정하는 사항으로 조직의 목표에 기초하여 조직의 일반적인 정책 및 지침을 설정하는 계획이다. **절차**는 업무가 시간적인 순서로 계획되어 있으며 각 단계를 연결시키는 과정들을 상세하게 설정하는 계획이고, **방법**은 각각의 단계에서 수행해야 하는 구체적인 행동에 대한 사항을 설정하는 것으로 절차보다 더욱 구체적이다.

계획수립은 **최고경영층**뿐만 아니라 **중간관리층**과 **하위관리층**인 일선감독자 및 조직의 모든 구성원에게 필요한 활동이다. 따라서 경영관리계층에 따라 다음과 같이 계획의 계층과 상호 관련성을 가진다[그림 4-2].

최고경영층은 조직의 장기적인 목표나 목적인 사명을 정하고 그에 따른 전반적인 목적이나 목표를 수립하며, **중간관리층**은 조직의 목적이나 목표를 달성하기 위한 방침 및 부서 업무의 절차를 확립하고, **하위관리층**은 수행 절차나 방법을 구체화하는 역할을 하게 된다.

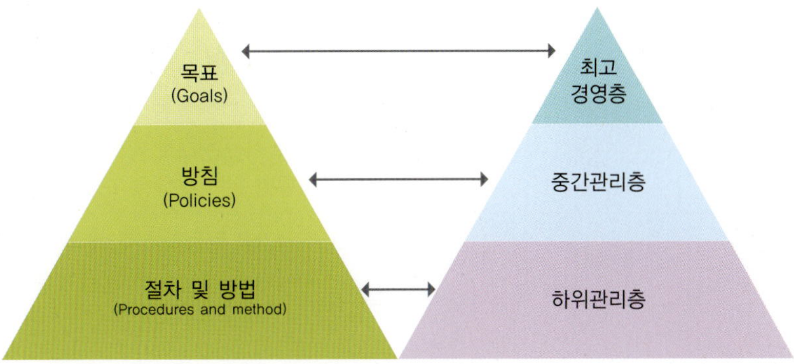

[그림 4-2] **계획의 계층과 경영관리계층**

3. 계획의 분류

1) 적용기간 및 활동범위에 따른 분류

계획은 **적용기간 및 활동범위에 따라 단기계획(운영계획), 중기계획(전술계획), 장기계획(전략계획)**으로 나눈다. 단기계획은 1년 미만, 중기계획은 1~2년, 장기계획은 3~5년의 계획으로 때로는 그 이상의 시간범위에 걸쳐지기도 한다[표 4-2].

단기계획(운영계획)은 **작업계획**이라고도 하며, 하위관리층에서 전술계획을 효율적으로 달성하기 위한 단기적이며 세부적인 계획으로 주로 제품이나 서비스의 생산 활동에 집중된 계획이다.

중기계획(전술계획)은 **전략계획**을 달성하기 위해 중간관리층에서 각 하위부서에서 해야 할 일을 계획하고 기업부서의 상이한 작업을 조정하는 일이다. 중기계획의 가장 중요한 특성은 기업의 최우선적 목표를 성취하기 위한 부분별 목표의 상호조정이라고 할 수 있다.

장기계획(전략계획)은 **종합계획**으로 최고경영층에서 향후 수년간 기업성과에 영향을 미칠 중요한 요인과 변수들을 발견하여 장기적 목표를 세우고, 목표달성을 위한 마케팅 전략, 그리고 전략집행을 위한 자원확보 등에 대한 계획도 함께 수립한다. 장기계획은 여러 계획의 기본적인 틀을 제공할 뿐만 아니라 조직의 행동 및 의사결정의 일관성 유지에 기여하고 매년 재검토되어 그 해의 상황에 맞게 수정되기도 한다.

표 4-2 적용기간 및 활동범위에 따른 계획의 분류

분류	기간	관리계층	예시
단기계획 (운영계획)	1년 미만	하위관리층	• 원자재 구매 계획 • 식단가, 인건비 편성 계획
중기계획 (전술계획)	1~2년	중간관리층	• 주방 시설 현대화 계획 • 부문별 인력 조정 및 모집 계획수립
장기계획 (전략계획)	3~5년	최고경영층	• 식품가공 공장의 신축 계획 • 외식업 분야 진출 결정 계획

2) 용도에 따른 분류

계획은 반복성과 이용 빈도에 따라서 지속적 계획과 특정한 용도로만 사용되는 특정계획(일시적 계획)으로 분류할 수 있다[그림 4-3].

지속적 계획은 계속해서 이용할 수 있도록 수립되는 계획으로 조직의 **방침** policies, **절차** procedures, **방법** methods, **규칙** rules 등이 해당되며, **특정계획**은 일정기간의 특별한 문제나 상황에 대처하기 위해 세우는 계획으로 **프로그램** programs과 특정기간의 활동을 규정하는 **프로젝트** projects, **예산** budgets 등이 해당된다.

프로그램은 목표, 방침, 절차, 규칙, 과업의 할당, 사용하는 자원 및 필요한 활동내용 등의 복합적인 계획으로, 단체급식업소에서 질 좋은 서비스를 위한 '조리종사자대상 친절교육 프로그램'이 해당된다. **프로젝트**는 특정한 과제, 행사 및 이벤트를 위한 계획으로 회사의 창립기념일 및 절기에 따른 식사 준비와 같은 단기과제에서부터 전반적인 품질 및 공정개선을 위한 장기과제에 이르기까지 범위가 넓다. **예산**은 통제의 수단으로써 사용되기도 하며, 수치화된 계획으로 조직구성원들이 구체적인 계획을 갖도록 만든다. 또한, 전사적인 차원에서 편성된 예산은 회사 내 여러 계획들을 통합시키는 중요한 도구로 활용된다.

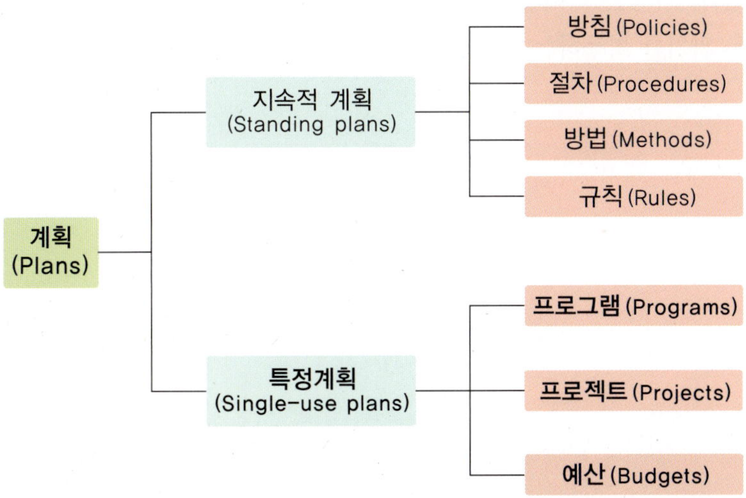

[그림 4-3] 용도에 따른 계획의 분류

4. 계획수립의 기법

경영관리과정에서 계획수립은 매우 중요하기 때문에 경영자들은 계획을 수립하기 위해 여러 가지 기법을 사용해 왔다. 계획수립의 대표적인 기법으로 **벤치마킹** benchmarking과 **스왓분석** strengths, weaknesses, opportunities and threats analysis ; SWOT, **목표관리법** management by objective이 있다.

1) 벤치마킹

벤치마킹 benchmarking은 일반적으로 경쟁우위에 있는 다른 기업의 경영활동을 비교 · 분석하여 그들의 독특한 비법을 배우면서 자기 혁신을 꾀하는 것으로 적절하게 모방 · 개선할 수 있는 계획안을 개발하는 방법이다. 이때 **우수기업의 장점을 단순히 모방하는 것이 아니라 조직에서 보유하고 있는 자원이나 처해 있는 환경에 비추어 개선하는 것이 반드시 필요**하다.

벤치마킹을 성공적으로 활용하기 위해서는 조직 내 어느 분야에, 누구를 대상으로 할 것인지, 벤치마킹의 성과측정 지표 및 벤치마킹의 운영 프로세스는 어떻게 개발할 것인지와 같은 네 가지 측면에 대해 반드시 고려하여야 한다.

벤치마킹의 단계는 계획수립단계, 분석단계, 통합단계, 행동단계의 순으로 진행되며, 벤치마킹의 실행결과는 피드백되어 다음의 계획수립단계에 영향을 주게 된다. 기업은 이러한 벤치마킹의 지속적인 수행을 통해 동일 업종 내에서 선두 위치를 획득하는 성숙단계로 진입할 수 있다[그림 4-4].

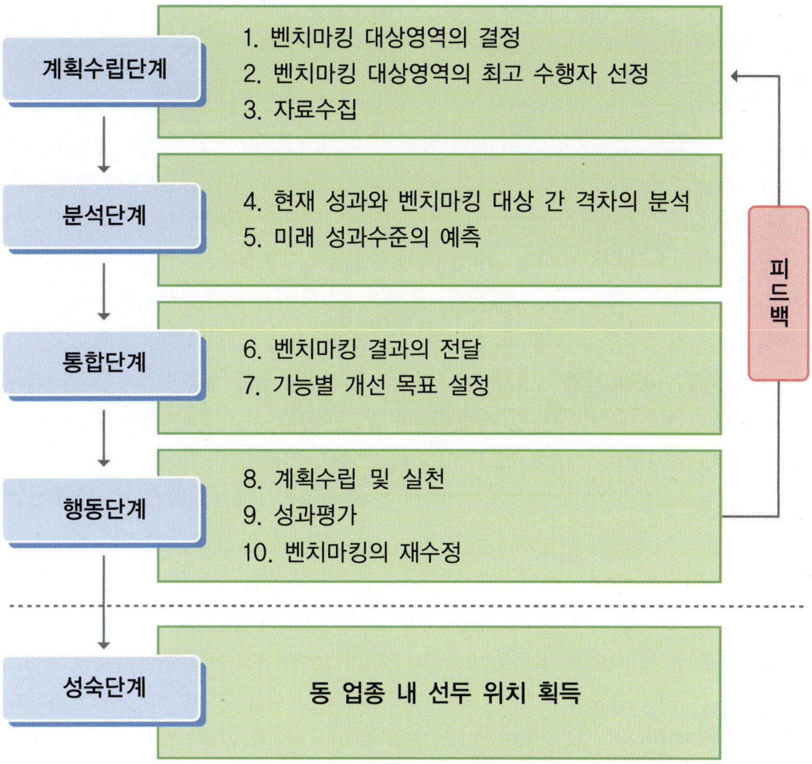

[그림 4-4] 벤치마킹의 단계

쉬어가기 벤치마킹의 시초와 기업경영에의 도입

벤치마킹은 본래 토목 분야에서 사용되던 용어로, 강물의 높낮이를 측정하기 위해 설치된 기준점을 기표, 즉 **벤치마크**benchmark라고 표현하며 이를 세우거나 활용하는 일을 **벤치마킹**benchmarking이라고 불렀다. 이후 컴퓨터 분야에서 각 분야의 성능을 비교하는 용어로 사용되다가 기업경영에 도입된 것이다.

경영 분야에서 **벤치마킹**이 처음 사용된 것은 1982년 미국 뉴욕 주 로체스터에서 열린 제록스사의 교육 및 조직개발 전문가 모임에 의해서였다. 제록스사는 경쟁회사인 일본의 캐논사에 뒤지는 이유를 단순히 복사기의 부품 문제뿐만 아니라 디자인, 생산, 주문 처리의 모든 면에 있다고 보고 이를 분석한 후 일본식 작업 방식을 배우는 벤치마킹을 시도하였다. 그 후 1989년 로버트 캠프 박사는 저서 『벤치마킹』에서 동종 업계가 아닌 다른 업계의 경영 기법도 비교·분석하는 벤치마킹의 개념을 경영에 도입하여 그 범위를 더 확대하였다.

쉬어가기 **간편식의 진화 '일본벤치마킹' 급성장 관련기**

'**가정간편식** Home Meal Replacement, HMR' 중에서도 도시락은 가장 빠르고 든든하 게 한끼를 해결할 수 있는 방식이다. 편의점마다 경쟁적으로 내놓는 도시락은 식생활 변화를 상징하는 아이템으로 자리 잡았다. 일본에서는 30여년 전 부터 도시락·삼각김밥을 포함한 가정간편식 시장이 커지기 시작했다. ...(중략)... 일본의 가정간편식 시장규모는 약 10조엔(약 100조원)으로국내 시장의 50배에 달한다. 지난해 일본 신세이(新生) 은행 조사결과에 따르면 일본 회사원들 10명 가운데 6명은 점심을 혼자 도시락으로 해결하는 것으로 나타났다. 도시락을 사무실 등으로 배달해주는 대행업체 '스타 페스티벌' 자료에 따르면 전체 종사자 65%에 해당하는 4000만명이 점심을 도시락으로 해결하고 있다. 일본과 비슷한 인구통계 변화를 보이고 있는 우리나라도 일본의 전철을 밟고있다. GS25, CU, 세븐일레븐 등 편의점 3사의 지난해 도시락 매출은 평균 168.8% 증가했다. 이는 2015년 증가율인 69.3%의 두배를 넘어선 수준이다. 유통업계는 2013년 780억원대에 머물던 편의점 도시락 시장규모가 지난해 5000억원대로 늘었다고 추산한다. ...(중략).... 일본 도쿄 신주쿠에 있는 편의점 '훼미리 마트'의 간편 식품코너에는 도시락, 덮밥, 삼각김밥 등 다양한 식품이 진열돼 있다. '1만원' 고급 도시락부터 예약주문 서비스까지…. 벤치마킹은 기본, 편의점별 연구경쟁 편의점 도시락의 수요가 크게 늘어나면서 편의점 업계는 도시락의 종류를 다양화 하고 품질을 높이는 데 역점을 두고 있다. 국내 편의점들은 도시락을 포함한 가정간편식 분야에서 일본을 벤치마킹하고 있다. 편의점업계 한 관계자는 "도시락 담당 MD가 주기적으로 일본출장을 떠나 현지 도시락을 벤치마킹 한다"고 했다.

2) 스왓분석

조직의 처한 환경을 분석하기 위한 방법으로 **스왓분석** strengths, weaknesses, opportunities and threats analysis; SWOT이 많이 사용되고 있다[그림 4-5].

스왓분석은 외부환경에 대한 통찰력을 바탕으로 외부환경의 **기회** strengths **요인**과 **위협** threats**요인**을 파악하고 기업 내부의 **강점** strengths과 **약점** weaknesses을 분석한 후 전략적 대안을 도출하는 분석방법이다. 기업의 강점과 기회를 규명하고 강조하는 반면 약점과 위협이 되는 요소는 축소함으로써 보다 유리한 전략계획을 수립하기 위한 기법이라 할 수 있다.

스왓분석의 체계적인 접근을 위해서 **외부환경분석**과 **내부역량분석**이 요구된다. **외부환경분석**에는 거시적인 환경동향 분석, 산업구조 분석, 시장세분화 분석, 고객의 요구 분석, 경쟁사 분석, 기술동향 분석 등이 있으며, **내부역량**

분석에는 사업의 수익성 및 현금흐름 분석, 손익분기점 분석, 핵심역량 분석, 조직진단, 사업 포트폴리오 분석 등이 있다.

기업이 보유하는 강점 중에서 타 기업에 비해 경쟁력을 가지는 것을 **핵심역량**이라고 하며, 타 경쟁사의 모방이 어렵고 고객들이 효율성을 인식하는 것으로, 기업은 이를 바탕으로 보다 다양하고 광범위한 시장을 확보할 수 있다. 조직체의 환경에 중요한 영향을 끼치는 유리한 상황을 **기회**라고 하며 인구 통계학적 요인, 기술적 진보, 경쟁업체의 변화 등이 해당된다. 조직의 환경에 불리한 상황을 **위협**이라고 하며, 새로운 경쟁업체의 출현, 기존 제품을 대체하는 신제품 출시, 시장 내 고객층의 인구통계학적 변화 등을 들 수 있다. 또한 조직의 기회가 되는 것이 다른 조직에게는 위협이 될 수 있다. 기업이 어떠한 강점과 약점을 가지는가는 해당 기업의 경쟁력을 좌우하게 된다. 스왓분석의 결과 다음과 같이 **강점, 약점, 기회, 위협**의 네 가지 요소들을 결합하여 기업의 전략을 도출하게 된다.

- SO전략(강점-기회전략): 시장의 기회를 활용하기 위해 강점을 사용하는 전략
- ST전략(강점-위협전략): 시장의 위협을 회피하기 위해 강점을 사용하는 전략
- WO전략(약점-기회전략): 시장의 기회를 활용하여 약점을 극복하는 전략
- WT전략(약점-위협전략): 시장의 위협을 회피하고 약점을 최소화하는 전략

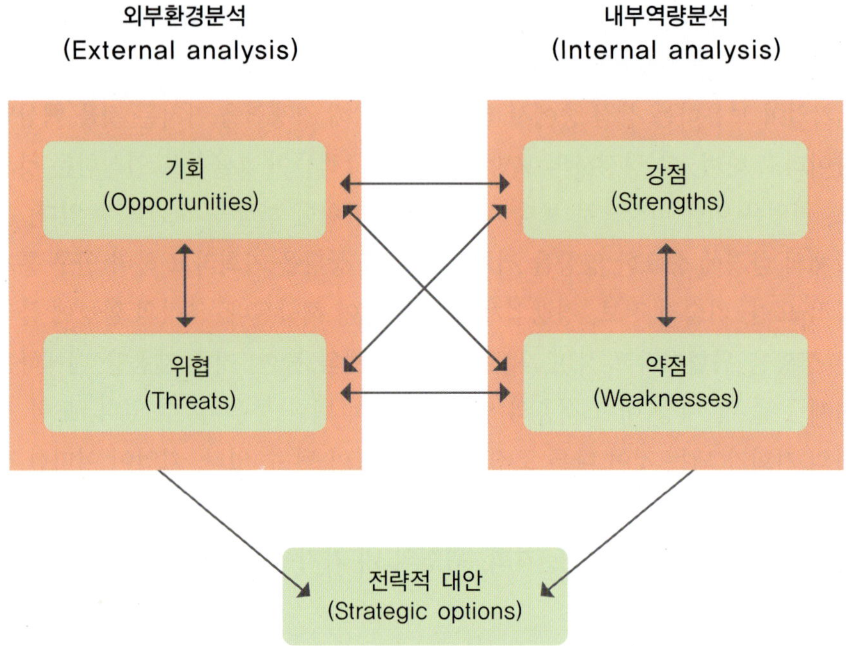

[그림 4-5] **스왓분석**

3) 목표관리법

목표관리법 Management By Objective, MBO은 1954년 **드러커** Drucker의 저서인 『경영학 연습 The Practice Of Management』에서 언급된 용어로 드러커가 목표의 중요성을 강조한 이후 전 세계적으로 확산된 기법이다.

목표관리법은 경영자와 종사자가 함께 실행할 목표와 책임을 명확하게 설정하도록 하고, 각자 자기통제를 통해 자발적으로 목표달성에 이바지하도록 하며, 이러한 목표의 달성수준과 성과를 객관적으로 엄격하게 평가하여 그에 상응하는 보상을 하는 조직관리기법이다. 경영자들에 의해서가 아니라 목표가 개개인의 업무를 관리해주기 때문에 목표관리라고 부르게 되었다.

드러커는 "목표관리는 모든 조직계층에서 나아갈 방향을 제시해주는 실천적도 구일뿐만 아니라 종사자에게는 동기를 유발시킬 수 있다"고 강조했다. **목표관리법**은 **계획 수립** 또는 **통제의 기법**이며, 일종의 **인사고과의 도구**이고 **동기유발의 기법**으로 사용하는 등 개념과 적용범위가 학자들에 따라 매우 다양하다.

(1) MBO 사이클

목표관리법은 조직과 개인의 목표를 전체 시스템관점에서 통합 · 관리하는 체계로 상위자인 경영자와 하위자인 종사자가 목표설정에서 목표달성에 이르기까지 공동으로 참여하여 함께 노력하고 평가하는 과정으로 진행된다[그림 4-6].

목표가 실천력을 가지려면 조직구성원 전체에게 공유되어야 하는데, 목표관리법의 핵심은 최고경영층이 세운 목표를 일방적으로 하부에 전달하고 목표달성을 강요하는 것이 아니라, 조직 단위와 전체의 목표 간에 일관성 있는 성과목표를 분명히 하고 경영자들이 종사자와 함께 노력하는 것이다.

① 1단계: 목표설정(공동)

목표가 실천력을 가지려면 조직구성원 전체에게 공유되어야 하며, 경영자와 종사자가 달성목표를 타협에 의해 공동협의한 후 조직계층에 따라 기업의 전략, 부서 및 개인 목표를 차례로 설정한다. 목표는 구체적이고 명확하며 현실적이어야 하며 목표달성 기간을 명시하고, 성과목표와 평가기준을 계량적인 수치로 측정가능하도록 정하면 책임소재 문제와 갈등을 줄일 수 있다.

② 2단계: 실행계획 수립

관리자는 1단계에서 관리자와 종사자가 공동으로 설정한 목표를 달성할 수 있도록 계획을 세운다. 부서의 계획이 상호보완 될 수 있도록 경영자의 역할이 중요하며, 부서와 개인별로 구체적이고 단계적인 행동 방안을 작성하여 목표를 실행할 수 있도록 한다.

③ 3단계: 업무수행 및 지원

MBO의 성공을 위해서는 설정된 성과목표와 평가기준에 따라 업무수행과정을 주기적으로 검토하며, 경영자와 종사자의 대면회의를 통해 예상하지 못했던 문제나 사건이 생겼을 때 목표를 수정할 수 있도록 한다. 따라서 정기적인 검토는 관리자가 업무수행을 지원하면서 종사자에게 필요한 피드백을 줄 수 있는 좋은 기회가 되기도 한다.

④ 4단계: 성과평가(공동)

MBO의 목표가 계획대로 진행되었는가를 평가하는 마지막 완성단계로 MBO는 결과를 강조한다. 이때에도 경영자와 종사자가 공동으로 업적을 평가함으로써 성공했을 경우에는 승진, 봉급 인상 등 적절한 보상을 하고, 실패했을 경우에는 미래의 계획설정에 반영함으로써 목표달성에 대한 동기유발을 증대시키게 된다. 객관적인 기준에 따른 평가를 위해서 경영자의 역할이 중요하며, 수행결과 평가는 피드백되어 MBO 사이클을 다시 시작하게 된다.

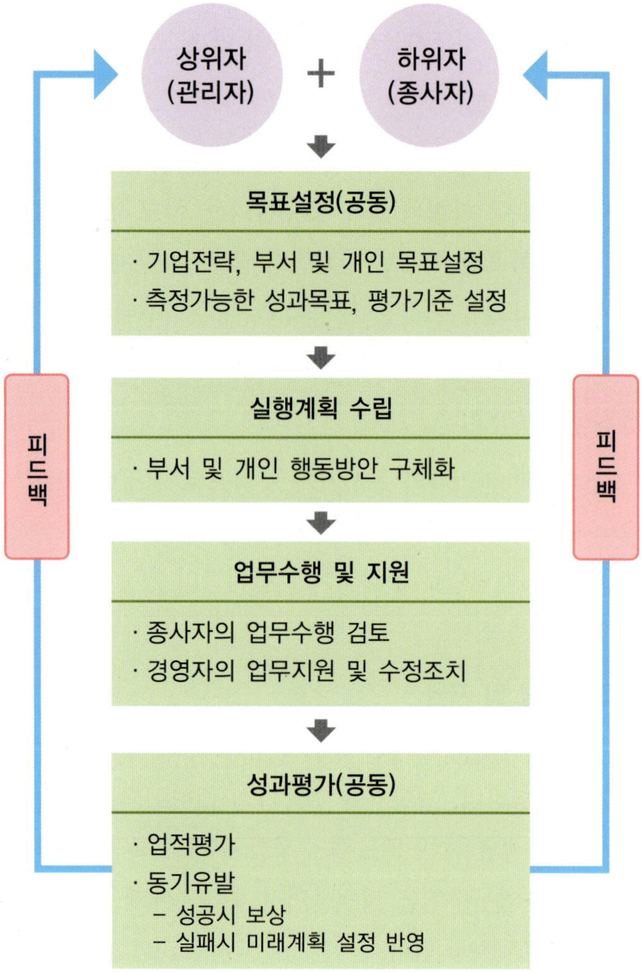

[그림 4-6] 목표관리법의 과정

(2) 목표관리법의 장단점

목표관리법은 조직의 환경에 따라 결과에 영향을 주며, 환경이 좋을 때는 쉽게 성공할 수 있지만 환경이 바람직하지 못하면 실패할 수 있다. 따라서 목표관리법의 성공을 위해서 최고경영자의 조직에 대한 헌신성, 환경변화에 대한 개방성 및 **Y이론**에 따른 관리와 책임감이 강한 종사자 등의 요소가 중요시 된다. 목표관리법의 장점과 단점을 [표 4-3]에 정리하였다.

표 4-3 목표관리법의 장 · 단점

분류	장·단점의 예시
장점	• 최고경영자와 종사자 사이의 의사소통이 원활해진다. • 구체적인 업적을 강조함으로써 평가과정이 공정해진다. • 상위단계에서 하위단계로 목표를 단계적으로 개발할 수 있다. • 경영자가 목표계획 및 목표달성 시기를 계획하는 것에 도움을 준다. • 기업의 목표설정에 종사자가 참가함으로써 자기 관리와 기업에 대한 헌신성을 자극한다.
단점	• 시간과 노력이 많이 소요된다. • 목표관리를 지나치게 강조하면 독창성과 혁신성이 떨어지게 된다. • 목표관리에서 모든 업적이 수량적으로 계속될 수 있는 것이 아니다. • 종사자에 대한 평가는 개인의 위치, 급료, 승진 등의 보상과 결부되기 때문에 어려운 점이 있다. • 종사자에 대한 평가보다 종사자를 도와주는 것이 강조되기 때문에 경영자들의 의식 전환이 쉽지 않다.

급식경영학

Chapter 05

급식경영관리 조직화

학습목표

- 조직의 목표를 효과적으로 달성하고 종사자가 맡은 직무를 효과적으로 수행하는 데 필요한 조직의 개념 및 구성요소를 설명할 수 있다.
- 조직화에 필요한 원칙과 과업분화의 개념 및 권한의 분배에 대해 학습함으로써 조직화에 대한 개념, 조직의 형성과정에 대하여 쉽게 이해할 수 있다.
- 라인 및 스태프의 개념 및 관계를 이해하고, 기본적인 조직구조의 형태를 이해할 수 있다.
- 집권화와 분권화의 개념을 비교 · 설명할 수 있고, 집권관리조직과 분권관리조직의 장 · 단점을 비교 · 설명할 수 있다.
- 현대기업에서 나타나고 있는 다양한 형태의 조직구조의 특성을 설명할 수 있다.
- 공식 조직과 비공식 조직을 비교 · 설명할 수 있다.

1. 조직의 의의

1) 조직의 개념

조직 organization은 1991년 칸 Khan에 의해 '공동의 목적을 달성하기 위하여 협동적으로 노력하는 사람의 집합체' 라고 정의하고 있다. 조직은 계획 수립과정을 통해 경영의 목표가 구체화되면 조직화과정을 통하여 목표수행을 위한 활동과 부서, 직위 및 권한관계를 설정하고, 구성원들에게 이를 분담시켜 체계적으로 활동하도록 한다. 자원을 가장 효율적으로 이용하는 조직을 이상적인 조직이라고 하며, 조직의 규모와 관계없이 [표 5-1]과 같은 특징을 가진다.

기업의 규모가 대형화되고 있는 오늘날은 조직의 관리기능이 복잡해지므로 경영목표를 달성하기 위해 제반기능의 수행에 일정한 질서를 갖도록 하는 조직화과정이 매우 중요시되고 있다. **조직화** organizing는 경영관리기능 중 두 번째 과정으로 수립한 계획을 실행에 옮기기 위해 **인적 · 물적 자원을 분배**하고, 조직 내 다양한 작업들을 분류하고 **부문화**하며, **종 · 횡적 관계를 명시**하여 책임과 권한을 부여하는 기능을 한다[그림 5-1].

표 5-1 조직의 특징

요인	특징
주체	• 조직은 사람들로 구성된다.
공통목적	• 조직구성원과 조직체는 공동의 목적을 가진다.
협력	• 동기부여가 크게 작용한다. • 조직구성원의 자발적 참여의지가 포함된다.
규율	• 조직구성원의 행동을 규제하는 규칙이 있다.
의사소통	• 조직구성원 간의 종 · 횡적 의사소통을 위한 유기적 관계를 증진시킨다. • 조직구성원의 협동의욕과 조직체의 공동목적을 달성하기 위한 연결수단이다.

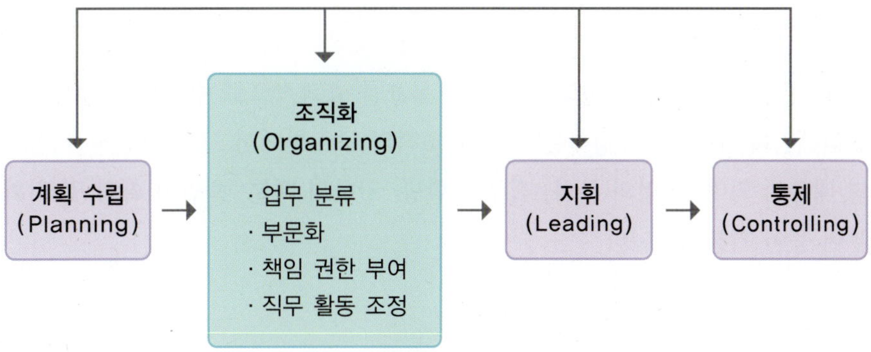

[그림 5-1] 경영관리과정과 조직화

조직화는 조직 전체에서부터 실무 부서에 이르기까지 모두에 적용된다. 사업부 · 부서 · 팀 등의 대단위로 조직 전체의 수준에서 조직구조를 설계하여 업무를 효과적으로 배분 · 조정하며 개인의 직무를 적절하게 설계하고 배분함으로써 실무 부서별 종사자들이 의욕적으로 자신의 업무를 수행할 수 있도록 한다.

2) 조직의 구성 원리

조직은 무엇을 중심으로 구성되는가에 대해서는 여러 가지 견해가 있으나 [표 5-2]와 같이 인간관계에 두는 견해, 직무를 중심으로 보는 견해, 권한을 중심으로 하는 견해, 그리고 의사결정을 중심으로 보는 견해 등이 있다.

표 5-2 조직의 구성 원리

구성 원리	대표 학자	내용
인간관계	바나드 Barnard	• 공동의 목적을 달성하기 위해 조직구성원들의 자발적 의사를 강조한다.
직무	폴렛 Follet	• 직무는 권한보다 우선되어야 한다. • 직무 · 권한 · 책임의 동등관계를 설명한다.
권한	무니 Mooney	• 권한은 조정의 기본이 된다. • 권한은 상 · 하의 권한위임에 의한 수직계층 구조에서 형성된다.
의사결정	사이먼 Simon	• 효과적인 조직 활동과 적절한 의사결정을 확보해야 한다. • 조직구성원의 의사결정 행위가 조직에서 매우 중요시된다.

3) 조직의 구성요소

조직이 합리적으로 구성되면 조직의 목표를 효과적으로 수행하고 달성하기 유리해진다. 조직을 구성하는 요소는 조직의 구조화에서 고려해야 할 핵심적인 내용이 되며, **과업의 분화**, **직무의 할당**, **권한의 배분**, **책임의 확정** 및 **직위 부여** 등이 기본요소이다.

(1) 과업의 분화

조직의 목표를 효율적으로 달성하기 위하여 필요한 일을 정하고 나누는 것을 **과업의 분화** 또는 **부문화**라고 한다. 과업의 분화를 통해 구성원들이 특정 업무에 집중함으로써 조직의 효율성을 높일 수 있다.

과업의 분화는 직무의 기능에 의한 수평적 분화와 직무의 계층별 분화인 수직적 분화로 분류할 수 있으며 이러한 분화를 통해 조직도의 틀이 형성된다.

(2) 직무의 할당

과업의 분화에 의해서 명백해진 **직무(직능)**는 개인 또는 직위별로 경영활동을 수행시키기 위하여 책임소재에 따라 일정한 분량의 단위로 할당된다.

(3) 권한의 배분

과업의 분화에 의하여 개인 또는 직위에 따라 직무가 할당된 후 직무를 스스로 수행하거나 타인에게 수행시키기 위해 주어진 공식적인 권리를 **권한**이라고 한다. 조직 내에서 권한이란 어떠한 의사결정을 하거나, 자원을 임의로 사용할 수 있는 권리를 의미한다. 권한은 조직 내에서 공식적으로 보장되며 하위자에게 적절하게 위양할 수 있으며, **권한의 배분**이란 권한이 위에서 아래로 분포되어 있는 정도를 가리킨다.

(4) 책임의 확정

조직구성원들이 상급자로부터 받은 직무와 권한을 이용하여 책임표준에 따라 수행할 의무를 **책임**이라고 한다. 조직은 책임기준을 구체적으로 정하는 것이 좋다. 왜냐하면 직무는 적절한 권한위임과 함께 하위자에게 위양할 수 있으나, 책임은 위양할 수 없기 때문이다.

(5) 직위 부여

구성원이 수행해야 하는 일정한 직무가 할당된 후 직무를 수행하는 데 필요한 권한과 책임이 부여된 조직상의 위치를 **직위**라고 한다. 직위에 따라 조직 구성원들의 직무, 책임, 권한이 달라질 수 있다. 직위는 구성원을 조직과 관련시킬 때 발생되는 개념으로 조직의 목적달성에 필요한 것이다.

4) 조직도

조직도 organization chart는 조직화의 결과로 조직내부의 직무 위치에 따라 공식적인 배치를 나타낸 것이다. 조직도는 부서와 세부 업무가 확정된 후 조직의 구조를 구체적으로 도식화한 것으로 내용에 따라서 **기구도, 기능도, 지휘계통도**로 분류된다. 조직도는 보통 조직의 공식적 · 수직적 계층구조, 업무의 분담 상황 및 책임관계, 상하의 감독 및 조직의 명령체계, 의사소통 전달경로, 직위간의 상호관계가 공식적으로 명시되어 있으며, 조직 내 다양한 직무의 위치와 직무 · 권한 간의 관계를 설명해 준다.

조직도는 실제 상황을 정확하게 표현하기는 어렵지만 권한과 의사소통의 네트워크를 파악하고 시각화하는 데 도움을 준다. 그러나 조직도는 시간 흐름에 따라서 유동적이며 조직의 목표 및 규모에 따라 약간의 차이를 보이기 때문에 지속적으로 수정 · 보완하여야 한다. [그림 5-2]는 우리나라 병원급식 조직도의 예이다.

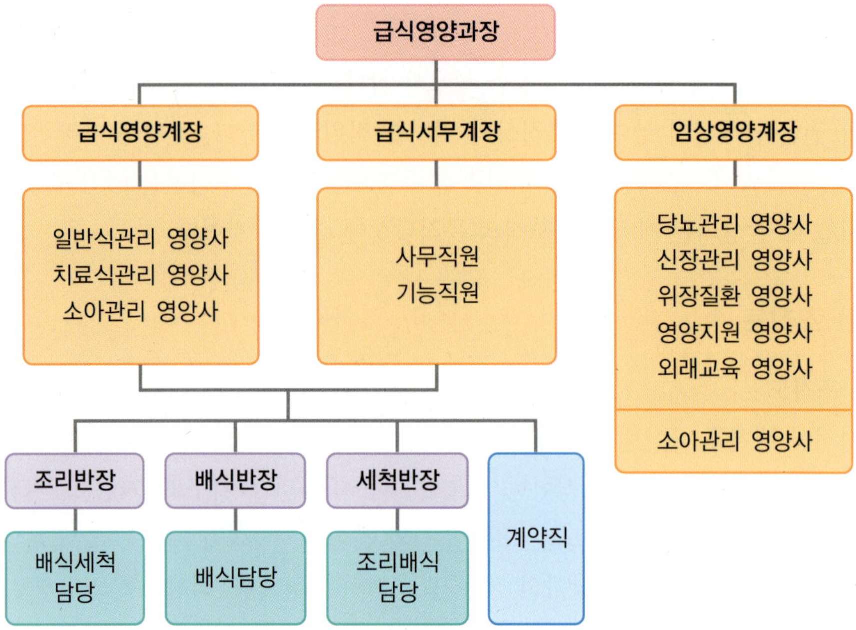

[그림 5-2] **병원급식 조직도의 예**

5) 조직화의 원칙

조직의 구성원들이 맡은 직무를 능률적으로 수행하고, 조직의 목표를 효율적으로 수행하기 위한 조직화에는 기본 원칙이 필요하다. 조직화에 필요한 원칙은 **페이욜**이나 **베버** 등에 의하여 관리원칙 또는 조직원칙이라는 명칭으로 제창된 이후, 조직을 편성할 때 조직원들에 입각하여 합리적으로 조직화하면 조직의 활동이나 조직목적을 합리적으로 달성할 수 있다는 전제 하에 매우 중요하게 여겨져 왔다. 전통적인 조직의 원칙을 살펴보면 다음과 같다.

(1) 전문화의 원칙

전문화의 원칙 principle of specialization은 조직 형성의 기초적 원칙으로 **분업의 원칙** principle of division of work이라고도 한다. **아담 스미스** Adam smith는 종사자들이 하나의 완제품 생산보다는 전문화된 몇 가지 특정 임무에 집중하면 작업능률이 더욱 향상된다고 주장하면서 조직의 기본 원칙으로 **업무를 가능한 세분화하여 단순화시킬 것(분업의 원칙)과 종사자들을 단순화된 업무에 대해 숙**

달시키도록 할 것(전문화의 원칙)을 제안하였다.

조직은 업무를 전문화하면 작업의 능률을 향상시킬 수 있고 숙련도를 높일 수 있는 장점이 있다. 그러나 지나치게 전문화의 원칙만을 내세워 조직을 구성하게 되면, 작업자들은 일상적인 반복적 기능만을 하게 됨으로써 자기실현의 기회를 잃게 되고, 개인의 창의력이나 성취의욕이 저하되는 등 문제를 초래할 수 있다. 일반적으로 **업무의 전문화**는 **직능별, 제품별, 지역별, 고객별**로 부문화시키고 있다.

(2) 권한과 책임의 원칙

권한과 책임의 원칙 principle of authority and responsibility은 **권한과 직무의 원칙**이라고도 한다. 이는 구성원의 직무분담에 관한 권한과 책임의 상호관계를 명확히 해야 한다는 원칙으로 책임 완수를 위해서는 권한도 동시에 부여되어야 한다는 것이다. 권한과 책임의 원칙은 **권한과 책임 명확화의 원칙**과, 권한과 책임이 어느 하나만 강조되지 않고 동일하게 대등되어야 한다는 **권한과 책임 대응의 원칙**으로 나누어진다.

조직을 운영하기 위해서는 직무수행이 수반되며, 각 직무에는 **권한, 책임, 의무**가 부여된다. 이러한 **권한, 책임, 의무가 직무를 중심으로 동등하게 부여되어야 한다는 원칙을 삼면등가의 원칙**이라고 한다[그림 5-3].

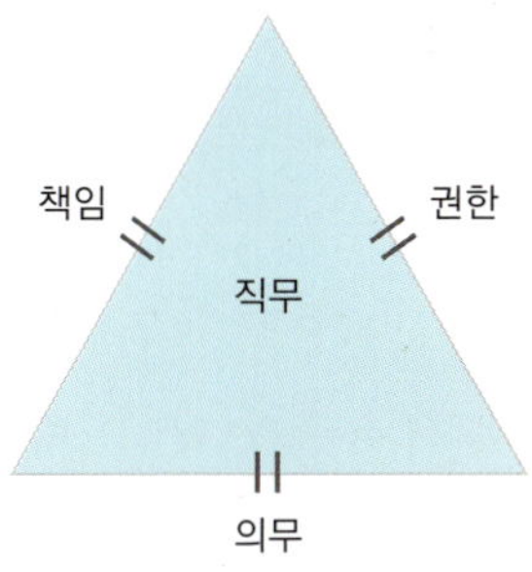

- **권한** Authority : 무엇이 수행되어야 하는지를 결정하는 권리
- **책임** Responsibility : 어떤 일에 관련되어 그 결과에 대하여 지는 의무나 부담, 또는 그 결과로 받는 제재
- **의무** Accountability : 도덕적으로 강제력이 있는 규범에 근거하여 인간의 의지나 행위에 부과되는 구속, 공식적인 조직관계에서 가장 바람직한 관계는 한 사람의 상사에게만 의무를 갖도록 함

[그림 5-3] 삼면등가의 원칙

(3) 권한위임의 원칙

권한위임의 원칙 principle of authority delegation은 특정 권한을 갖고 있는 상사가 구성원에게 직무수행에 관한 일정한 권한을 위임하는 것을 의미한다. **위임과정**은 조직의 경영규모가 커지고 복잡해짐에 따라 의사결정에 관한 모든 권한을 한 사람이 수행한다는 것이 실질적으로 불가능해지면서 나타났다. **위임** delegation이란 경영자가 다른 사람에게 권한을 배분하고 일을 맡기는 과정이며, [그림 5-4]와 같은 단계를 거쳐 조직구성원들의 권한과 책임이 성립되고 조직이 구조화되는 것이다.

권한위임을 할 때 장점은 신속한 의사결정이 가능하고, 상사에게는 업무가 집중되는 현상을 막아 관리자의 부담을 줄여 주며, 하위자는 위임받은 범위 내에서 권한을 행사하여 창의적으로 업무를 수행할 수 있으므로 **동기부여 효과**뿐만 아니라 **인재육성**도 가능하다. 이러한 장점에도 불구하고 권한위임은 상사가 구성원에게 권한을 위임하는 것에 대해 불안해 하고 자신의 직무수행 방법을 고집하거나 또는 권한위임을 자기 지위에 대한 위협으로 느끼는 경향이 있어 실질적으로 잘 지켜지지 않고 있다.

권한위임을 저해하는 요인들을 극복하기 위해서 조직은 권한위임을 촉진하는 문화의 창출, 권한위임에 대한 정확한 의사소통, 책임완수에 상응하는 적절한 보상, 적절한 통제체제의 확립이 필요하다.

1단계: 관리자는 하위자에게 직무를 설명하고 책임을 부과한다.

↓

2단계: 관리자는 하위자에게 책임수행을 위한 권한을 부여한다.

↓

3단계: 하위자는 관리자에게 책임완수에 대한 의무를 부여받는다.

[그림 5-4] **권한위임의 단계**

(4) 명령일원화의 원칙

명령일원화의 원칙 principle of unity of command이란 하위자는 항상 한 사람의 직속 상위자로부터 명령 및 지시를 받아야 한다는 원칙으로 **명령통일의 원칙**이라고도 한다. 만약, 명령계통이 일원화되지 못하고 이원화 또는 다원화가 되는 경우, 명령에 복선이 생겨 구성원의 책임이 불분명해지고, 조직의 능률 저하 및 질서의 혼란을 초래하게 되어 조직은 불안정해지고 상위자와 하위자의 관계 또한 불분명하게 된다.

(5) 감독범위적정화의 원칙

감독범위적정화의 원칙 principle of span of control이란 능률적인 지휘 · 감독을 위해 한 사람의 관리자가 직접 통제하는 하위자의 수(감독 범위 또는 관리 한계)를 적정하게 제한해야 한다는 원칙이다.

감독범위가 너무 확대되면 상 · 하 간의 의사소통과 감독 및 조정이 곤란해져 조직의 능률이 저하되며, 반면에 **감독범위가 너무 좁아지면** 지나친 감독으로 종사자의 창의성과 자주성이 결여되어 관리비를 낭비하는 결과를 가져온다. 적정한 감독 범위의 일정한 기준은 없으나 일반적으로 상위계층의 경우 4~8명, 하위계층은 8~15명이 적당하며 조직의 여건에 따라 달라질 수 있다.

감독범위는 조직의 방침, 조직방침의 표준화 및 기준설정, 직무의 성격, 관리자의 능력, 조직원의 능력 및 훈련된 정도, 직무의 지역적 범위 등의 요인에 따라 확대되기도 한다. 조직의 방침이 명확하여 의사소통이 원활하고, 조직구성원의 직무수행능력을 평가할 수 있는 기준이 설정되어 있을수록 감독 범위가 커지게 된다. 반면, 업무의 활동범위가 지역적으로 넓을수록 감독범위는 축소된다.

(6) 계층단축화의 원칙

계층단축화의 원칙 principle of scalarship or hierarchy이란 조직의 효율성을 높이기 위해 조직의 상 · 하계층을 최대한 단축시켜야 한다는 원칙이다. 대규모 조직에서 종사자 수가 많은 경우, 감독범위의 원칙을 따르면 상하의 계층 고리가 길어지는 경우가 발생하게 된다. 상 · 하계층 구조가 너무 길고 감독자의 수가 많아지면 인건비의 상승을 초래하게 되며, 상 · 하간의 의사소통이 불충분하게 되어 명령전달이 늦어지게 된다. 따라서 이와 같은 폐단을 없애기 위해 계층단축화는 상 · 하 간 의사소통을 원활하게 하고 비용의 절감을 위해 필요한 원칙이다.

(7) 조정의 원칙

조정의 원칙 principle of coordination은 모든 조직의 원칙을 포괄하는 의미를 지니고 있는데, 조직의 구성원이 분담하는 독립적인 업무는 조직의 목표를 효과적으로 달성하기 위해 서로 조정 · 통합되어야 한다는 원칙이다. 현대조직에서는 조직의 능률을 향상시키기 위해 부문화가 필요하지만 부서간의 상이한 목표로 인하여 문제가 발생하게 된다. 이러한 문제를 최소화하고 협동적인 인간관계를 통해 조화된 전체로 조정함으로써 조직의 목표를 효율적으로 달성하기 위해 필요한 원칙이다.

(8) 기능화의 원칙

기능화의 원칙 principle of functionalization은 업무의 종류와 성질에 따라 업무를 구분하여 분화하는 것을 말한다. 사람이 아닌 업무 중심의 사고로 직무의 성격에 따라 적합한 사람이 배치되어 기능을 발휘할 경우, 조직을 효율적으로 경영할 수 있다는 원칙이다. 이 원칙은 업무의 능률화를 지향하며 분업의 원리를 적용하여 전문화의 원칙에 따라 부문화하거나 또는 업무의 종류와 성질에 따라 업무를 분류하는 것이다.

2. 경영조직의 구조

1) 조직의 분화

조직의 원활한 경영수행을 위해서 업무를 분화하여 조직구성원들에게 분담시켜야 한다. 이 단계를 **조직의 분화, 과업의 분화** 또는 **노동의 분화**라고 한다. **조직의 분화**란 경영목표나 경영계획에 따라 필요한 업무를 결정하고 명확하게 하여 조직구성원에게 각각 할당하며 세분화된 업무를 유사한 업무들로 다시 묶는 활동을 의미한다. 조직의 분화는 조직의 규모가 큰 대기업의 경우 복잡하나 반면에 소기업은 비교적 간단하게 나타난다. 기업경영에 있어서 종류에 따라 분화되기도 하지만 다른 한편으로는 그 계층에 따라서도 분화된다. 전자는 동일계층에서 수평적으로 업무활동을 분화한 것이고, 후자는 이것을 수직적으로 분화한 것이다[그림 5-5].

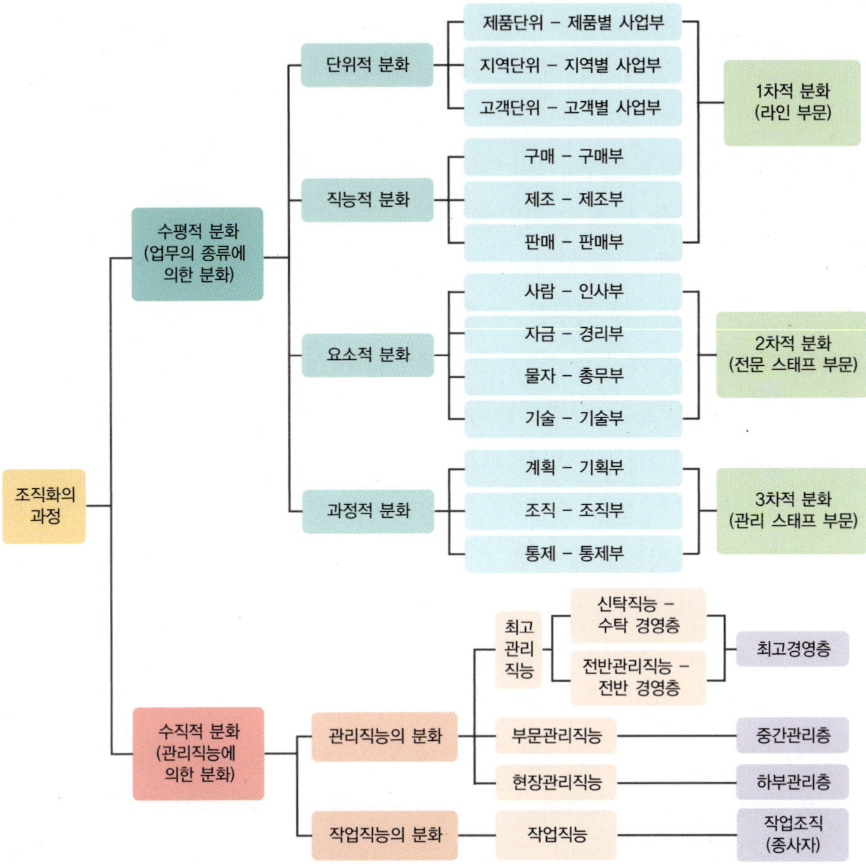

[그림 5-5] **경영조직의 구조**

(1) 수평적 분화

조직의 목표를 효과적으로 달성하기 위해 필요한 업무를 파악한 후 조직구성원들에게 할당해 주는 과정을 **수평적 분화** horizontal differentiation라고 한다. 조직이 경영활동의 분화를 통해 여러 업무와 부서를 형성해나가는 과정으로 세분화된 직무와 대응시키고 다시 그룹별로 결합시키는 과정으로 직무의 부문화가 있다.

① 1차적 분화

조직은 1차적 분화를 통해서 목적달성을 위해 수행해야 할 기본적 활동이 분화되며 **라인 부문**이 형성된다. **1차적 분화**는 **단위적 분화**와 **직능적 분화**로 구분된다.

단위적 분화는 조직의 목표달성을 위한 전체 경영활동을 **지역별, 제품별, 고객별로 분화**하고 있다. **지역별 부문화**는 조직체의 주요 업무가 지리적으로 광범위하게 퍼져 있을 경우 조직에서 수행되는 여러 가지 활동을 지역별로 집약하고자 할 때 나타나는 형태이다[그림 5-6]. 이 경우 각 지역의 부문 관리자가 해당 지역의 상황을 보다 잘 파악하고 있으므로 지역에 알맞은 경영활동을 신속·정확하게 수행할 수 있다는 장점이 있다. 따라서 지역에 따라 소비자의 만족에 차이가 있을 때 업무를 지역별로 세분화시켜 부문화 한다. **제품별 부문화**는 조직활동을 제품계열별로 조직단위를 형성하게 하여 부문화시킨 것으로, 조직에서 생산 또는 판매하는 주요 제품의 종류가 다양할 때 나타나는 형태이다[그림 5-7]. 제품에 의한 부문화는 다양한 제품을 생산하는 대규모 조직체에 적합하며, 제품을 중심으로 사업단위를 형성하여 관련된 모든 부서의 기능과 활동을 조정하고 통제할 수 있는 장점이 있다. **고객별 부문화**는 조직체의 목적에 따라 차이가 있는 고객특성을 중심으로 경영활동을 부문화시키는 것으로 서로 다른 요구나 구매력을 지닌 고객의 종류에 따라서 조직 단위를 형성하고자 할 때 나타나는 형태이다[그림 5-8].

직능적 분화는 조직에서 이루어지는 활동을 기능별로 부문화하는 방법으로 조직의 목표를 달성하기 위하여 필요한 기본적인 활동을 분화하는 것을 말한다. 직능별 부문화는 조직의 구매, 제조, 판매의 순환과정에 따라 **구매부, 제조부, 판매부** 등의 부문 조직을 형성하는 것이 해당된다. 조직이 수행하는 직능을 중심으로 부서를 구조화한 것으로 **수평적 분화 중 가장 오래 되었으며, 현재까지도 가장 일반적으로 사용하는 분화 방법**이다.

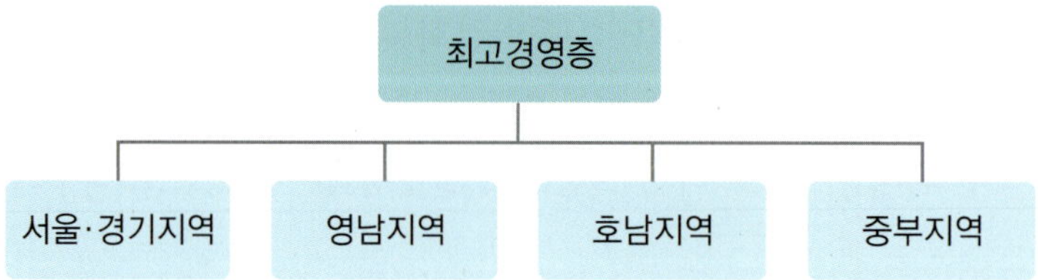

[그림 5-6] **지역별 부문화**

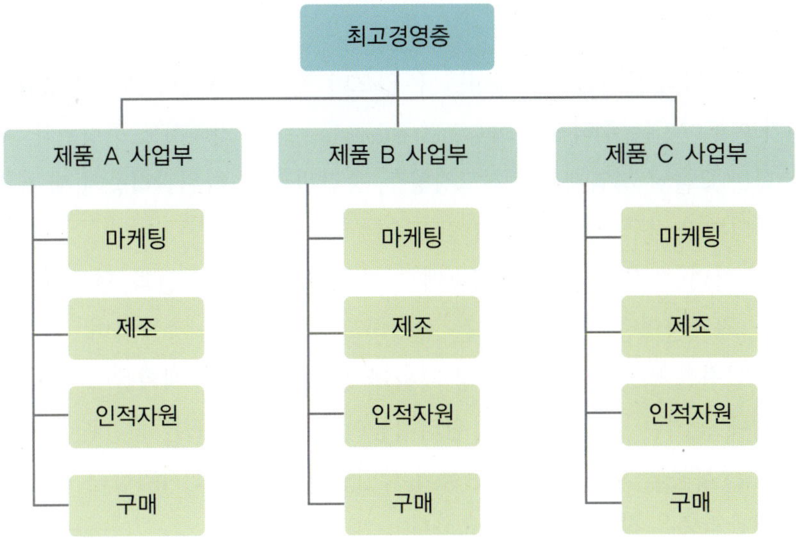

[그림 5-7] **제품별 부문화**

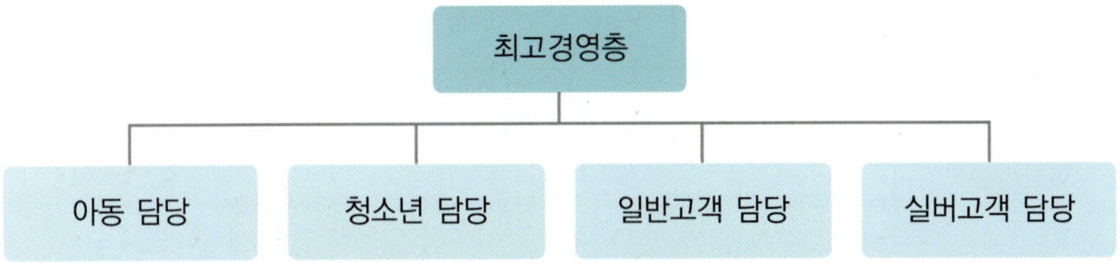

[그림 5-8] **고객별 부문화**

② 2차적 분화

업무의 구성요소에 따라 조직이 분화하는 형태로 **요소적 분화**라고 한다. 기업의 경영활동이 **인사부 · 경리부 · 총리부 · 기술부** 등의 업무로 분화하는 방식이 해당되며, 2차적 분화에 의해 본격적으로 업무의 분화가 이루어진다.

2차적 분화에 의하여 형성되는 부문을 **전문스태프부문**이라 하며, 전문적 기술을 가지고 라인부문에 조언해 주는 역할을 수행하게 된다.

③ 3차적 분화

업무의 순환과정에 따라 조직이 분화하는 형태로 조직의 단위적 · 직능적, 요소적 분화 등에 의하여 공통적으로 **계획수립 · 조직화 · 충원 · 지휘 및 통제** 등과 같은 관리과정이 존재한다. 관리과정에 따른 업무의 분화를 **과정적 분화** 또는 **3차적 분화**라고 하며 **기획부 · 조직부 · 통제부**와 같은 부문이 해당된다.

(2) 수직적 분화

조직은 수평적 분화만으로 형성될 수 없으며, 상·하 관계에 의한 경영활동의 분화가 이루어지는 **수직적 분화** vertical differentiation에 의해서도 구성된다. 수직적 분화는 오늘날 경영계층인 **최고경영층, 중간관리층, 하위관리층**의 세 계층으로 분화되는 조직구조를 말한다[그림 5-9].

경영조직의 수직적 분화는 계층에 따라서 크게 **관리직능**과 **업무직능**으로 나눈다. 최고경영층은 경영계획을 설정하고 경영활동을 총괄하며, 최고경영층에서 설정한 경영방침이나 경영 계획에 따라 구체적인 계획을 설정하고 이를 실행에 옮기는 중간관리층인 **관리직능**이 필요하다. 또한 중간관리층에 의해 설정된 부문의 계획에 따라 현장의 작업을 직접적으로 지휘하는 직능을 가진 하위관리층은 **작업직능**이 필요하다.

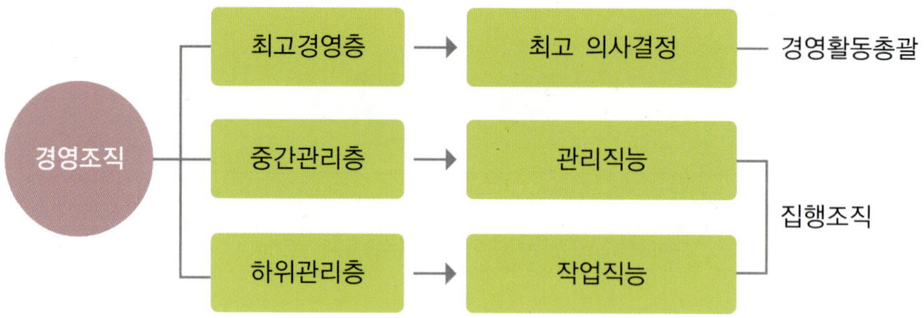

[그림 5-9] **경영조직의 수직적 분화**

2) 조직권한의 분배

경영관리상 권한이 어디에 집중되느냐에 따라 **집권적 조직**과 **분권적 조직**으로 분류되며 경영관리에서 어떤 형태를 택할 것인가는 매우 중요하다. **조직의 집권과 분권의 정도는 다음의 여러 가지 사항에 의해 결정**된다. 조직의 정책상 중요한 것일 경우, 조직 경영방침의 통일성이 특별히 요구되는 경우, 조직의 업무 변화가 일상적인 경우, 많은 경험·지식·능력을 갖춘 관리자가 충분할 경우 집권화 정도가 커진다. 반대로, 조직의 직무가 유동적일 경우, 기업이 주식회사의 형태 또는 합병에 의하여 성장해 왔을 경우 분권화 정도가 커지게 된다.

집권적 조직은 비교적 규모가 작은 조직에서 택하는 경우가 많다. 반면 대규모이며 시설이 지리적으로 분산되고 다각적인 경영이 행해지는 경우에는 분권적 조직을 택하게 된다. 분권적 조직은 **사업부제 조직** divisional organization 이 대표적이다[그림 5-10].

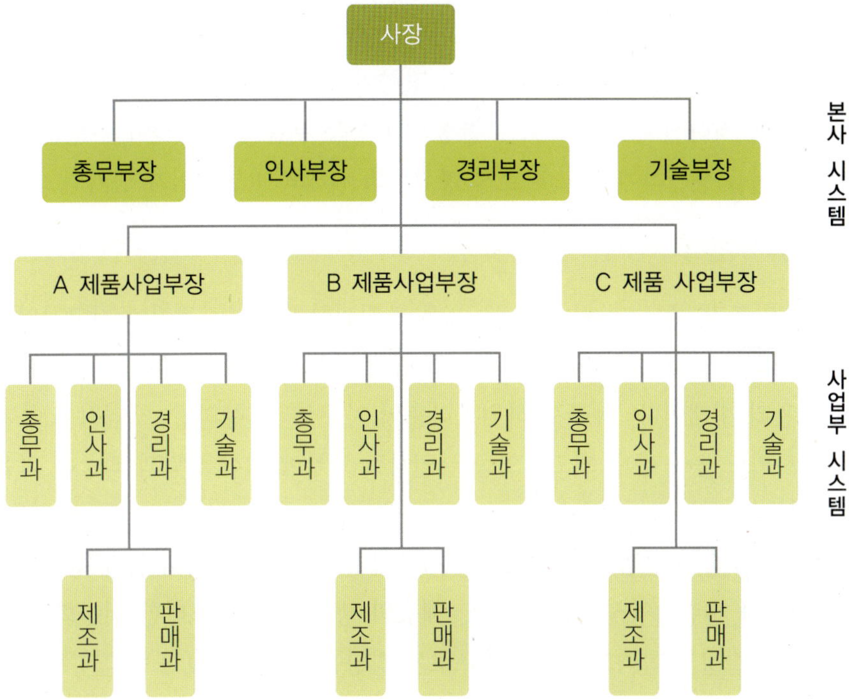

[그림 5-10] **사업부제 조직**

사업부제 조직은 사업부별로 독자적인 제품 단위나 지역, 고객에 따라 부문화된 조직으로 시장의 요구에 빠르게 대처할 수 있을 뿐만 아니라 사업의 성패에 대한 책임소재도 분명히 할 수 있어 대기업에서 보편적으로 택하고 있다. 국내 위탁급식회사들의 경우 급식사업부 외에 외식사업부, 식재·유통사업부, 케이터링사업부 등과 같은 사업부제 조직형태를 취하고 있는 경우가 많다.

(1) 집권적 조직

집권적 조직 centralized organization은 모든 권한과 결정 권리가 최고경영층에 집중되어 하위관리층에는 자주성을 주지 않는 관료적 조직의 형태이다. 소규모 조직에 널리 적용되며 오늘날 조직이 확대되면서 관리계층의 수를 늘려서 부문화 형태로 발전시켜 나가고 있다.

집권적 조직의 장점은 최고경영층이 기업경영에 많은 경험과 능력을 소유하고 있을 때 이를 하위계층까지 활용함으로써 효율화를 기할 수 있으며, 정책 · 계획 · 관리가 통일되어 고객에게 표준화된 제품과 서비스를 제공할 수 있다. 그러나 집권적 조직은 조직의 규모가 확대되고 관리 기술이 복잡해지면 최고경영층이 독재적으로 지배하려는 경향이 커지므로 하위 관리자의 창의성 및 사기가 저하될 수 있고, 모든 결정권이 상층 부문에 집중되어 부문관리자는 자주성을 상실하기 쉽고 관료적 형식주의 폐해와 파벌주의가 생기기 쉽다.

(2) 분권적 조직

분권적 조직 decentralized organization은 조직권한과 의사결정권이 최고경영층에 집중되지 않고 하위관리층에게 부문별로 계획과 관리의 권한을 주어 운영하는 관리 형태이다. 따라서 하위관리층의 자주성 및 창의성, 책임감이 증가되고 사기도 높아지며, 최고경영층은 일상적 업무에 대한 부담과 과중을 막을 수 있다.

분권적 조직의 장점은 권한위임이 이루어져 최고경영자의 부담을 경감시키고, 경영자 훈련 · 양성이 가능하며, 제품의 생산과 판매에 대한 전문화뿐 아니라 의사결정의 합리화를 가져옴으로써 경영능률을 부분적 또는 집중적으로 높일 수 있다. 그러나 각 부문에서 독자적으로 경영을 하고 연구개발, 구매, 판매, 회계 등의 업무를 수행하게 되어 이들 업무가 중복되므로 낭비가 발생하며, 동일 고객을 상대로 업무 경쟁을 하는 경우에는 이익이 대립되고 분열의 원인이 될 수 있다.

3) 조직의 형태

조직의 형태는 업무활동의 분화와 권한관계에 따라 다양하며, 유형도 경영방침 및 직무성격에 따라 달라진다. 그러나 근본적인 형태는 **라인**과 **스태프**의 관계이며, 이를 기준으로 조직구조의 형태가 분류된다. 명령계통을 중요시하며 권한과 책임의 구조가 명확한 라인 조직에서 상호기능의 보완과 정보의 흐름을 중요시하는 네트워크 조직에 이르기까지 다양한 조직의 형태가 있다.

(1) 라인과 스태프의 개념 및 관계

라인line은 **조직의 1차적 분화에 의해 형성되는 부문**으로 경영활동을 일선에서 수행하는 부문이며 **경영활동의 목표에 직접적으로 기여**하는 업무를 수행하는 **구매, 제조, 판매 부서**를 말한다. **스태프**staff는 **조직의 2차 · 3차적 분화에 의해 형성되는 부문**으로 **라인에 대하여 조언과 자문**을 함으로 라인활동을 효과적으로 촉진하는 역할을 담당하며, 경영활동의 목표를 달성하는 데 간접적으로 기여하는 **기획, 인사, 총무, 마케팅** 등 관리부서를 말한다. 경영조직에서 라인과 스태프 상호 간의 관계를 규정해 두는 것은 조직운영에 매우 중요하다.

라인과 스태프의 경영기능을 구분하는 이유는 스태프가 라인에게 전문화된 원조와 서비스를 제공하고 적절한 균형 및 통제를 유지하며, 책임성의 유지와 확보를 하기 위해서이다. 라인은 결정권과 명령권을 갖는 반면, 스태프는 상황의 분석, 조사, 입안, 설명 및 해석 등 조언권한을 갖는다.

대규모 기업들은 조직을 능률적 · 효과적으로 운영하기 위하여 많은 스태프를 활용하고 있다. 라인과 스태프는 유기적으로 보완관계에 있지만 본질적인 기능을 인식하지 못할 때 갈등이 발생하게 되어 업무수행에 지장을 초래하는 경우가 있다. 갈등요인은 라인부문의 배제 또는 축소, 변화에 대한 저항, 의사소통 경로 상의 위치, 그리고 조언자의 입장에서 우월감을 갖는 경우이다. 라인과 스태프는 조직의 목표달성에 상호보완적으로 공헌하므로 적절한 균형유지가 필요하다. 상호관계는 대립이 아닌 상호의존적인 관계이므로 라인과 스태프 관리자의 배치전환도 서로의 이해를 돕는 좋은 방법이 된다.

(2) 기본적인 조직형태

조직은 환경 변화에 적응하기 위한 일환의 하나로 조직의 유형을 유동적으로 변화시킬 필요성이 생기게 되었다. 기본적인 조직의 형태는 **직능식 조직(기능식 조직)** functional organization, **라인 조직** line organization, **라인과 스태프 조직(직계참모 조직)** line and staff organization이 있으며 [그림 5-11, 5-12, 5-13], 특징과 장단점은 [표 5-3]과 같다.

직능식 조직(기능식 조직) functional organization은 라인 조직의 단점을 보완하기 위하여 **테일러**F.Taylor에 의해 제창된 조직형태이다[부록 213p 참조]. 전문적 기능을 담당하는 부문별 여러명의 상위 관리자가 각 종업원을 지휘, 명령, 감독하는 조직으로 안정된 경영환경에 적합한 조직구조이며, 중소기업에 적합한 구조이다. 이 조직은 관리자의 업무를 부문마다 전문화하여 여러명의 기능적 전문가가 각 업무를 관리하도록 하는 것으로(기능적 전문화의 원칙), 각 전문관리자는 그가 담당하는 기능의 전문영역에 대해서 모든 종사원에게 명령할 권한을 가진다.

라인 조직 line organization은 가장 오래되고 단순한 조직형태로서, 책임과 권한이 병행되고, 명령 일원화의 원칙을 중심으로 모든 사람들이 한명의 감독자에게 보고하며 조직의 상부에서 하부로 직선적으로 전달되는 의사소통의 흐름을 가진 조직이다. 하위자는 상위자로부터의 권한 위임이나 명령 없이는 활동을 할 수 없는 단순하고 만들기 쉬운 조직형태이다. 이런 조직은 중소기업이나 군대의 기본적인 구조로 군대식 조직 또는 직계조직이라고 한다.

라인과 스태프조직(직계참모 조직) line and staff organization은 **에머슨** H.Emerson에 의해서 제창된 조직으로, 라인 조직의 지휘명령의 통일성을 살리는 동시에 스태프 조직의 장점을 조화시켜 명령 일원화의 원칙과 스태프 조직의 전문성을 잘 적용시킨 조직이다. 오늘날 **가장 일반적인 조직 구조**로서 중 · 대규모의 기업조직에서 이 조직형태를 따르고 있다.

표 5-3 라인 조직, 직능식 조직, 라인과 스태프 조직의 특징 및 장·단점

조직 유형	특징	장점	단점
직능식 조직 (기능식 조직)	• 테일러가 처음 고안한 조직임 • 관리자들에게 직능적 권한을 부여함 • 관리자는 일을 전문화하고 부문마다 다른 관리자를 둠	• 전문가를 직능별로 분류함 • 전문적 지식, 기술 및 경험을 더욱 효과적으로 이용할 수 있음	• 조직 내 갈등발생 우려가 크고 복잡해짐 • 기능적 전문가가 조직의 여러 분야에 존재함
라인 조직	• 최고경영층의 권한과 명령이 직선적으로 하위관리자나 일선 작업자에게까지 전달됨	• 명령계통이 일원화됨 • 권한과 책임의 구분이 명확함 • 통솔력이 강하며 빠른 의사결정과 전달이 가능함	• 조직규모가 커질수록 비효율적임 • 경영관리자의 독단적인 행동이 우려됨 • 중간관리자의 의욕과 창의성 발휘가 어려움
라인과 스태프 조직 (직계 참모 조직)	• 중·대규모의 기업조직에 많이 이용됨 • 라인 조직과 이를 지원하는 스태프 전문가의 결합 형태임 • 전문적인 기술이나 지식을 가진 스태프가 보다 효과적인 경영활동을 할 수 있도록 협력함	• 라인경영자의 업무 부담이 경감됨 • 명령계통 일원화의 장점이 확보됨 • 과학적으로 문제 해결이 가능함 • 스태프의 전문적인 조언, 지식 및 경험을 이용 가능함	• 의사결정과 집행이 늦어짐 • 스태프 조직에 대한 제반비용이 추가됨 • 라인과 스태프 간 권한의 혼동으로 인한 갈등이 우려됨

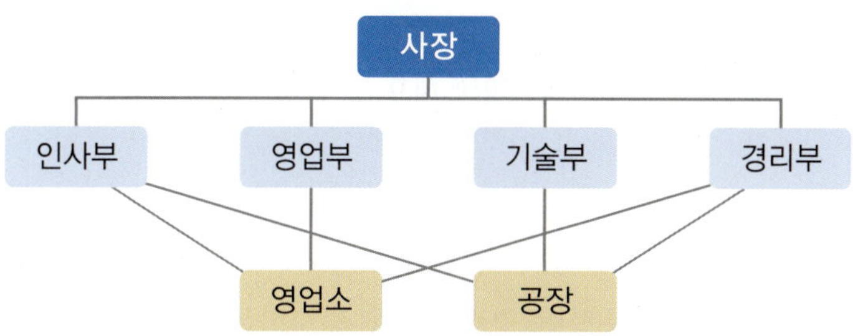

[그림 5-11] 직능식 조직(기능식 조직)

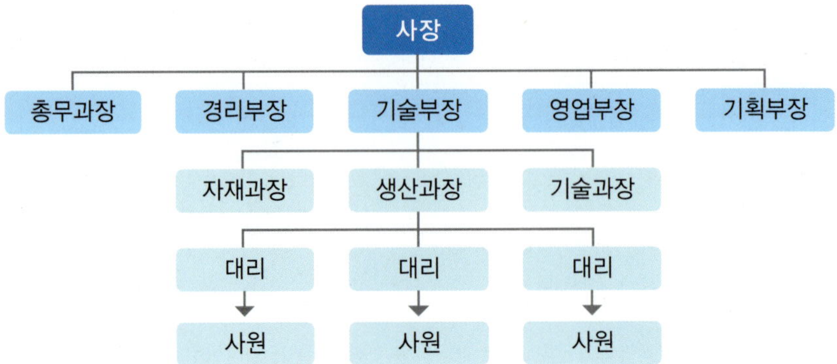

[그림 5-12] **라인 조직**

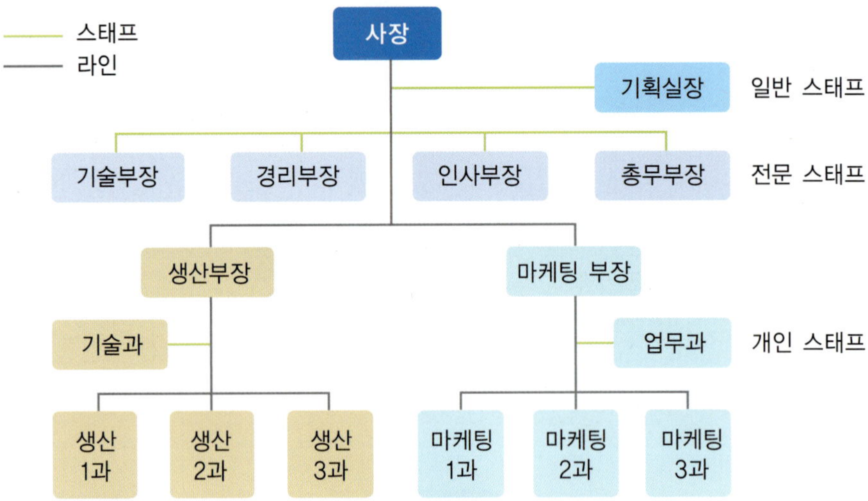

[그림 5-13] **라인과 스태프 조직(직계참모 조직)**

(3) 각종 조직형태

과거의 조직구조는 전통적인 명령체계를 중시하는 라인 조직과 라인 조직에 스태프 전문가를 보완한 라인과 스태프 조직(직계참모 조직) 형태가 주를 이루었다. 그러나 오늘날에는 명령체계의 단축, 관리범위의 확대, 권한위임의 확대, 분권화 및 집권화의 동시 추구와 같은 조직화의 새로운 변화에 따라 신속한 의사결정을 가능하게 하는 **팀형 조직**이 보편화되고 개방적 상호협력을 강조하는 **네트워크 조직**으로 변화하고 있다. 또한 특정한 목표달성에 집중하는 프로젝트 조직이나 구성원의 전문성을 다용도로 활용하는 매트릭스 조직도 새로운 경영조직의 형태로 나타나고 있다.

각종 조직의 형태로 **위원회 조직, 팀형 조직, 프로젝트 조직, 매트릭스 조직, 네트워크 조직** 등이 있으며[그림 5-14, 5-15, 5-16, 5-17, 5-18], 특징과 장단점은 [표 5-4]와 같다.

위원회 조직은 경영의 규모가 확대되고 경영관리의 내용이 복잡해지면서 각 부문간이나 직능 상호간 조정문제가 필연적으로 제기되는데, 위원회는 이와같은 조정을 주 임무로 하는 조직형태이다. 즉, 경영정책이나 특정한 과제의 합리적인 해결을 목적으로 각 부문에서 선발된 위원으로 구성하는 것이다. 조직 내의 활동에 대해 각 부서의 대표들과 공동으로 심의하여 판단하기 때문에 부서간의 불화와 마찰을 극복함으로써 전사적인 의사결정을 할 수 있다. 건전한 결론에 도달할 필요가 있고 여러 부문에 공통적으로 걸려있는 문제를 보다 현실적으로 해결하며, 직위나 책임은 단일 개인보다는 개인그룹에 할당하여 한사람에게 지나치게 강한 권한을 부여하는 것을 방지하여 민주적인 의사결정을 하고, 집행을 하는 회의식 조직이다.

팀형 조직은 전통적인 기능 중심 조직과 위계 조직의 비효율적인 명령과 지휘 계통을 탈피하여 급속히 변하는 기술혁신을 보다 빨리 수용하고 의사 결정 구조를 단축화한 평탄구조의 조직형태이다. 팀형 조직은 상호보완적인 기술이나 지식을 가진 소수의 구성원들이 자율권을 갖고 기업의 목표달성을 수행하는 조직이다. 과거의 조직들이 상위자의 지시에 따라 수동적으로 직무를 수행한 데 비하여 팀형 조직은 팀장도 과업현장에서 팀원과 함께 업무를 수행하며 개인성적보다는 팀 성적을 훨씬 중요하게 생각하며 목표달성을 위해 스스로 전념하는 승부조직으로 팀장의 역할이 중요하다.

프로젝트 조직 project organization은 **태스크포스팀** task force team;TFT 또는 **업무 추진팀**이라고도 불린다. 특정 문제를 다루기 위해 일시적으로 만들어지고 일단 문제가 해결되거나 임무가 완성되면 해체되는 조직이다. 오늘날처럼 기술변화의 속도가 빠르게 진행되고 있는 경영 환경 속에서 기업활동을 효과적으로 수행하기 위해 동태적인 개방시스템에 맞추어야 하는 기업에 그 중요성이 부각되고 있다. 종래의 조직이 기능이나 인력의 운용면에서 탄력성이 없었으나 이 조직은 프로젝트의 진행에 따라 인원을 교체하고, 프로젝트가 완료되면 해산하는 탄력성이 있는 조직이다.

매트릭스 조직 matrix organization은 **행렬식 조직**이라고도 하는데 같은 조직에서의 수직적 및 수평적 권한의 결합을 특징으로 한다. 매트릭스 조직은 특정 프로그램과 같은 구체적인 목적을 효율적으로 달성하기 위한 조직구조를 만들고자 할 때 사용된다. 조직 구성원은 종적으로는 직능부문의 일원이지만 횡적으로는 특정 프로젝트 사업의 구성원으로도 역할을 수행하기 때문에 두명의 책임자로부터 지시를 받는다. 따라서 조직의 구성원은 기술적 기능을 직무로 수행해야 하지만 프로젝트의 목표에도 특별한 관심을 가져야 한다. 매트릭스 조직은 다품종 소량 주문 생산 기술, 급변하는 환경, 기업 조직이 지역적으로 분산되어 있는 경우에 많이 활용된다. 제조회사, 서비스 회사, 전문업종, 그리고 비영리 단체에서 성공적으로 이용하고 있다.

네트워크 조직은 환경변화에 유연하게 대처하기 위해 핵심 부문만을 남겨두고 나머지는 **아웃소싱**이나 **업무제휴**를 통해 외부와 네트워크를 구성하는 형태의 조직이다. 오늘날 조직화 경향은 명령 체계의 단축으로 신속한 의사결정을 가능하게 하는 팀형 조직이 보편화되고 개방적 상호협력을 강조하는 네트워크 조직으로 변화하고 있다.

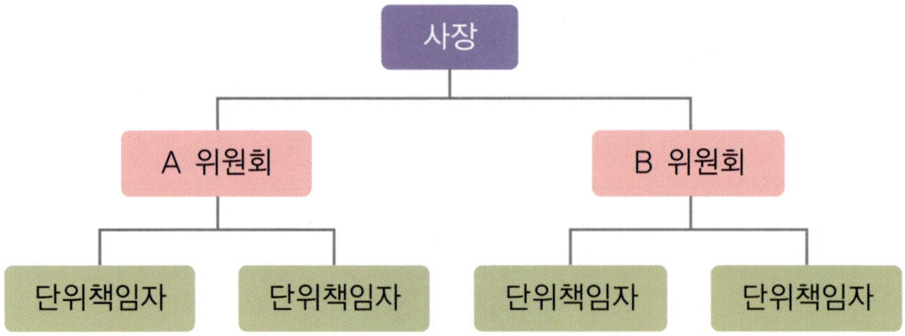

[그림 5-14] **위원회 조직**

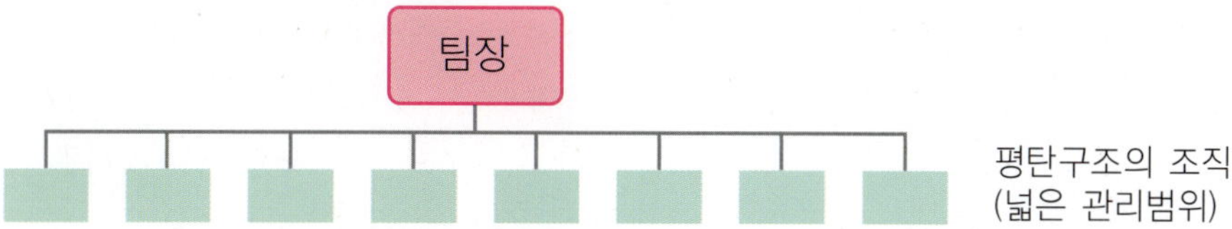

[그림 5-15] **팀형 조직**

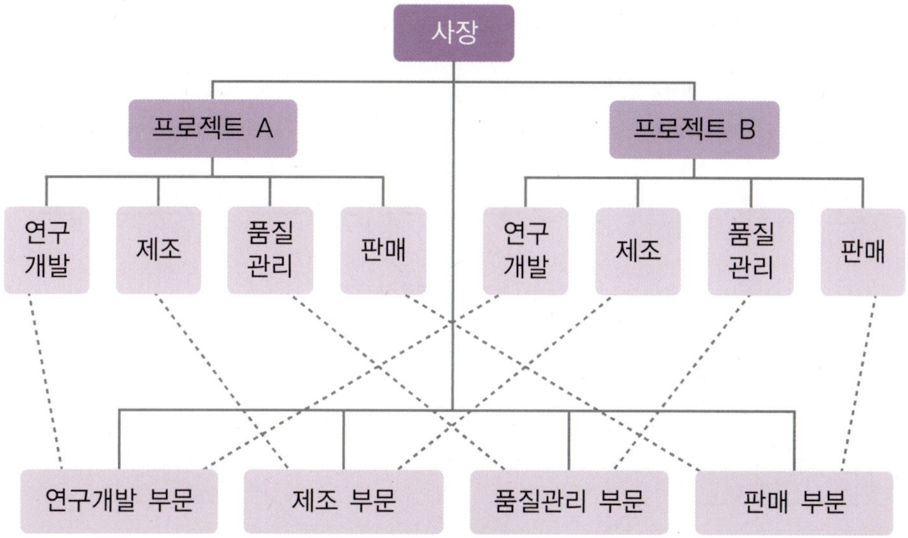

[그림 5-16] **프로젝트 조직**

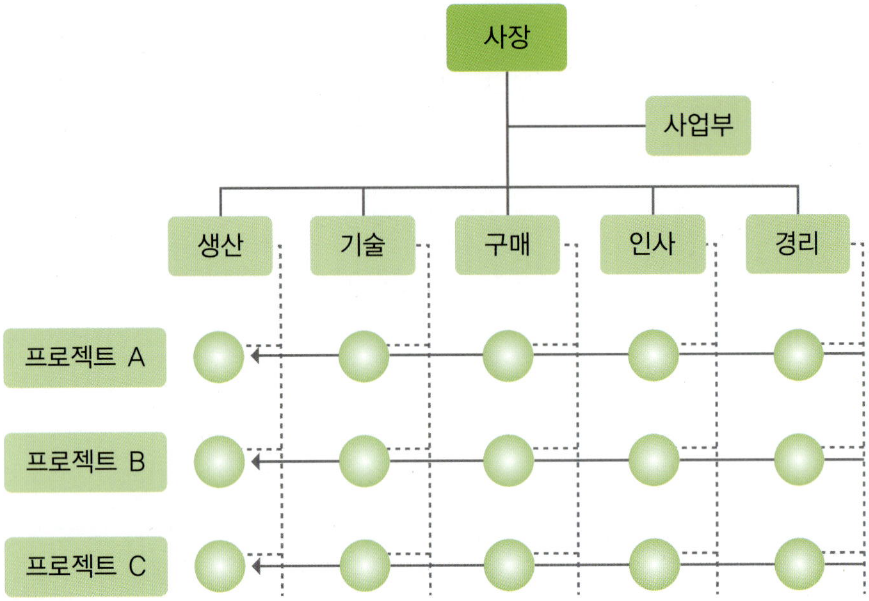

[그림 5-17] 매트릭스 조직

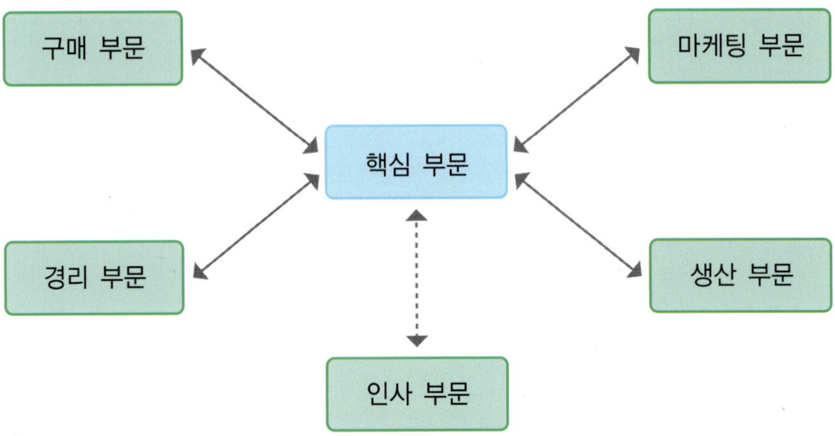

[그림 5-18] 네트워크 조직

표 5-4 조직형태에 따른 특징 및 장·단점

조직형태	특징	장점	단점
위원회 조직	• 민주적인 의사결정을 내리게 하는 회의식 조직임 • 직위나 책임은 단일개인보다는 개인 그룹에 할당함 • 경영정책이나 특정한 과제의 합리적 해결을 목적으로 각 부문에서 선발된 위원으로 구성된 위원회를 기본 조직에 병설함	• 다수인의 토론으로 의사소통이 가능하고 설득력이 있음 • 다양한 지식과 경험이 교환되며, 핵심적인 내용을 활용함 • 상호보완적 결정 및 협의과정으로 정확한 의사결정을 얻음	• 빈번한 회의로 시간 낭비와 기동성이 떨어짐 • 책임이 분산되므로 불성실한 결정이 조장됨 • 자기주장만 할 경우 창의성을 저해하는 타협의 위험성이 있음
팀형 조직	• 고층구조계층의 비효율성이 개선됨 • 관리 및 명령계층을 단축화 한 평탄구조 조직임	• 상·하 조직 간의 명령 및 보고체계가 단순함 • 실무자들은 보다 신속한 의사결정을 함으로써 조직의 기동성을 향상시킬 수 있음	• 최고경영자는 팀과 조직 간의 균형감각을 유지해야 함 • 팀 중심으로만 생각하여 기업 전체를 보지 못하는 경향이 있음
프로젝트 조직	• 진행에 따라 필요한 인원을 탄력적으로 구성함 • 태스크포스(taskforce) 또는 업무 추진팀이라고 함 • 일시적으로 형성되는 특정 프로젝트를 수행하는 조직임	• 사기가 높아짐 • 프로젝트의 목표달성을 지향 • 조직상의 제도나 절차의 제약이 적음 • 조직의 기동성과 환경 적응성을 높일 수 있음	• 프로젝트 관리자의 리더십과 능력에 따라 성공률이 다름 • 프로젝트 조직구성원이 본래 소속 부문과 관계의 조절이 어려움
매트릭스 조직	• 구성원들은 소속된 부서 내에서 역할을 수행하며, 프로젝트 사업의 구성원으로 역할을 수행함	• 새로운 변화에 보다 융통성 있게 대처할 수 있음 • 구성원들의 전문성 발휘 및 자기개발의 기회를 가짐	• 상사가 2인으로 명령일원화의 원칙에 위배됨
네트워크 조직	• 조직구조의 슬림화로 핵심역량 부문에 경영자원을 집중할 수 있음 • 아웃소싱, 전략적 제휴 및 분사 등이 비핵심부문에 효과적으로 추진할 수 있도록 조직을 구성함	• 수평적 개념의 조직으로 상호 협조에 의한 시너지 효과를 얻음 • 조직의 경계가 약하기 때문에 환경 변화에 적응할 수 있는 개방시스템의 성격을 강하게 띠게 됨	• 종사자들의 충성심이 약함 • 네트워크에 참여하는 외부 기업에 경영자의 직접적인 통제가 어려움

4) 공식 조직과 비공식 조직

조직은 목표를 달성하기 위해 조직도에 나타난 계획된 **공식 조직**과 의도되지 않으며 자연적으로 발생한 **비공식 조직**의 이중적 구조로 되어 있다. 공식 조직과 비공식 조직은 조직구성원의 행동과 목표달성에 많은 영향을 주는데 특징 및 차이점은 [표 5-5]와 같다.

오늘날 글로벌 경쟁시대의 기업환경 하에서 기업들은 경쟁기업보다 더 좋은 품질과 서비스를 빠르고 저렴하게 제공하는 것이 최우선의 과제가 되고 있다. 이에 따라 기업의 조직은 다양한 상황에서 유연하게 대처할 수 있는 조직구조로 발전되어야 하는데, 이를 위해서 공식적인 조직에만 의존하기보다는 비공식적인 조직을 적절하게 조화시켜 활용할 필요가 있다.

(1) 공식 조직

공식 조직 formal organization은 조직도에서 보이는 부서간의 조직관계로 업무기능을 명확하게 제시한 조직이다. 조직의 목표가 뚜렷하게 설정되어 있으며 목표달성을 위하여 **인위적 · 공식적 · 제도적**으로 형성되어 부문별로 상호 유기적인 협력을 한다. 조직의 구성원들은 공식 조직의 어딘가에 소속되어 있으며 조직의 절차와 규범에 의해 행동하며 타인의 영역을 침범하지 않고 자기 분야에서 활동하게 된다.

(2) 비공식 조직

비공식 조직 informal organization은 어떠한 공식적인 목적을 지향하면서 개인적 상호 접촉에 의해 **자연 발생적으로 형성된 조직**으로 **호손실험의 4단계 실험**(배전기권선 관찰 실험)에서 존재의 중요성이 인정되었다[부록 220p 참조]. 비공식 조직은 뚜렷한 목표의식이 없는 상태에서 혈연 · 지연 · 학연 · 취미 · 성격 등에 의해 자연스럽게 형성되는 네트워크로 공식 조직보다 큰 영향력을 행사하기도 한다. 공식 조직은 인간의 행동을 규제나 직계에 의해서 규제하려고 하지만, 인간은 인격과 개성을 가지고 있기 때문에 규칙에 의해서 행동하는 것이 아니고 감정, 태도, 욕구에 의해서도 행동하므로 비공식 조직이 발생하게 된다. 기본적으로는 공식 조직을 통해 직무를 수행할 수 있도록 하되 비공식 조직을 통해서도 원활한 의사소통이 이루어지도록 해야 한다.

비공식 조직이 공식 조직에 대하여 긍정적으로 작용할 때 조직구성원들의 사기를 향상시키며 귀속감, 만족감, 안정감을 줄 수 있으므로 조직의 효율증대와 같은 바람직한 결과를 가져올 수 있다. 부정적으로 작용할 경우에는 조직구성원들의 사기를 저하시켜 조직의 효율을 떨어뜨릴 수 있으므로 긍정적인 영향을 주도록 유도해야 한다.

표 5-5 공식 조직과 비공식 조직의 특징 및 차이점

공식 조직	비공식 조직
• 조직이 확대 · 성장함	• 소집단 상태
• 외면적 · 외향적 조직	• 비사무적인 조직
• 법률화 된 체계적인 조직	• 자연발생적 조직
• 합리적 체계가 중심과제임	• 내면적 · 내재적 조직
• 능률의 원리에 따라 구성됨	• 인간관계가 중심과제임
• 인위적 · 공식적 · 제도상 조직	• 감정의 원리에 따라 구성됨
• 상층의 위임으로 권한이 부여됨	• 인간과 그들의 관계에 중점
• 직위 · 직제 등 법률상의 권한에 중점을 둠	• 구성원 간에 양해와 승인으로 권한이 이어짐

Chapter 06

급식경영관리 지휘 : 동기부여와 리더십

학습목표

- 동기부여이론을 내용이론, 과정이론, 강화이론으로 구분하고 각각의 개념을 비교 · 설명할 수 있다.
- 직무만족을 측정하는 도구에 대하여 설명할 수 있다.
- 리더십의 의의에 대하여 기술할 수 있다.
- 리더십의 특성이론, 행동이론, 상황이론을 비교 · 설명할 수 있다.
- 최근의 리더십이론에 대하여 설명할 수 있다.

1. 동기부여의 의의

동기부여motivation는 종사자에게 어떤 특정한 자극을 주어 조직의 목표달성을 위하여 행동하도록 유도해 가는 과정이다. 인간은 어떠한 목표를 달성하고자 하는 욕구에 의하여 동기가 부여된다. 조직에서는 조직의 목표를 효율적으로 달성하기 위하여 종사자가 자발적으로 행동하도록 동기를 부여하는 것이 중요하다. **동기부여가 결여되면** 종사자가 지각 및 결근을 하거나 능률이 저하될 수 있으므로 경영자는 종사자가 맡은 업무를 효율적으로 수행할 수 있도록 동기를 부여하는 요인에 관심을 가지는 것이 필요하다.

2. 동기부여이론

동기부여이론은 특징에 따라 **내용이론**, **과정이론**, **강화이론**으로 구분할 수 있다[표 6-1].

표 6-1 동기부여이론의 분류

구분	특징	관련 이론
내용 이론	인간의 행동유발에 영향을 주는 욕구가 무엇What인지에 관심을 두는 이론	• 매슬로우의 욕구계층이론 • 알더퍼의 ERG이론 • 허즈버그의 이요인이론 • 맥클리랜드의 성취동기이론
과정 이론	인간이 어떻게How 목적과 방향을 정하고 만족 여부를 어떤 과정에 의하여 평가하는지에 관심을 두는 이론	• 브롬의 기대이론 • 아담스의 공정성이론 • 드러커의 목표관리법
강화 이론	어떻게 행동이 반복되는지에 관심을 두는 이론	• 스키너의 강화이론

1) 내용이론

(1) 매슬로우의 욕구계층이론

동기부여의 대표적인 이론은 **매슬로우** Maslow의 **욕구계층이론** need hierarchy theory이다. 매슬로우는 인간의 욕구는 생존과 관련된 기본적인 **생리적 욕구**부터 시작하여 **안전 욕구, 사회적 욕구, 존경 욕구 및 자아실현 욕구**로 **다섯 단계의 계층을 형성**하고 있다고 주장하였다[그림 6-1].

- **생리적 욕구** physiological needs : 생존과 관련된 기본적인 욕구로 공기, 물, 음식 등이 해당하며 생리적 욕구가 충족되지 않으면 상위욕구가 발생하지 않는다.
- **안전 욕구** safety needs : 위험으로부터 개인의 보호에 대한 욕구로 직장의 보험, 퇴직연금 제도가 안전 욕구를 만족시키기 위한 프로그램에 해당한다.
- **사회적 욕구** social needs : 다른 사람과 관계를 맺고 소속감을 느끼고 싶어 하는 욕구로 동료와 친밀한 관계를 유지하고자 한다.
- **존경 욕구** esteem needs : 타인으로부터 존경과 존중을 받고 싶어 하는 욕구로, 칭찬이나 보상, 승진 등으로 충족될 수 있다.
- **자아실현 욕구** self-actualization needs : 자신의 능력을 발휘하고자 하는 욕구로 인간이 가지고 있는 최상위 욕구이다.

매슬로우는 **인간의 욕구는 낮은 욕구로부터 높은 욕구로 진행**을 하며 **만족된 욕구는 더 이상 동기부여를 시킬 수 없다**고 주장하였다. 그러나 인간의 욕구는 계속적으로 변화하고 여러 가지 욕구들이 동시에 생길 수도 있으므로 매슬로우의 욕구계층이론은 한계점을 가지고 있다. 이러한 한계에도 불구하고, 매슬로우의 욕구계층이론은 인간의 욕구를 이해하고 이러한 욕구를 충족시키기 위하여 경영 관리자가 어떻게 해야 할지를 결정하는 데 유용하다.

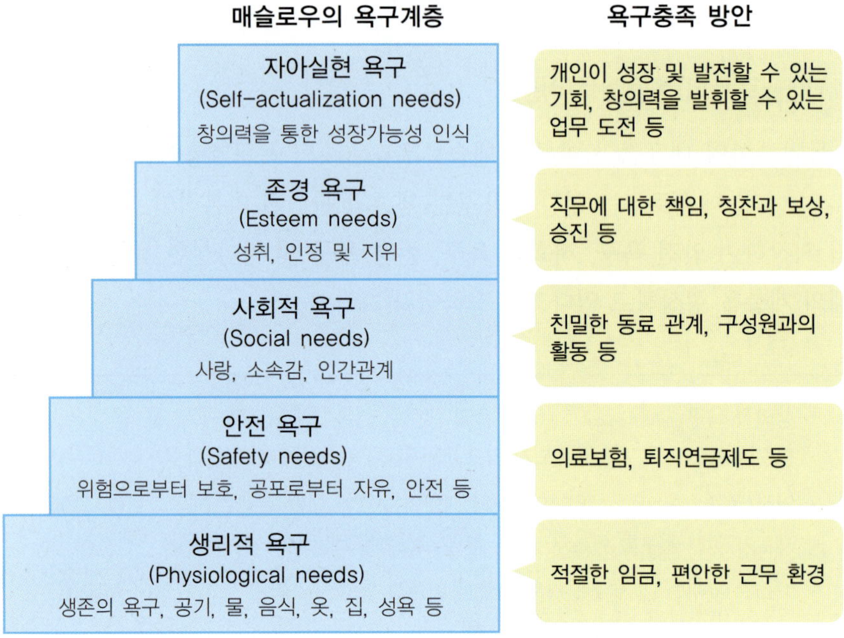

[그림 6-1] **매슬로우의 욕구계층이론 및 욕구충족 방안**

(2) 알더퍼의 ERG이론

알더퍼 Alderfer는 인간의 욕구를 단순화하여 **생존 욕구**, **관계 욕구**, **성장 욕구**의 세 범주로 설명하였으며, 각 욕구의 첫 글자를 따서 **ERG이론**이라고 하였다.

- **생존 욕구** existence : 생존의 기본적인 생리적 및 물리적 욕구로 음식, 근무환경, 신체적 안전, 임금 등이 해당된다. 매슬로우의 생리적 욕구나 안전 욕구에 해당한다. 생존의 욕구가 충족되지 못하면 생존의 위협을 느낀다.
- **관계 욕구** relatedness : 주변사람들과 좋은 관계를 이루려고 하는 욕구로 매슬로우의 안전 욕구 중 대인관계에서의 안전과 사회적 욕구 중 사랑 및 소속감과 유사하다.
- **성장 욕구** growth : 개인의 성장 및 의미 있는 업무를 수행하고자 하는 욕구로 매슬로우의 존경 욕구와 자아실현 욕구가 해당한다.

알더퍼는 매슬로우가 주장한 욕구계층이론과 달리 상위계층의 욕구가 충족되지 못하면 낮은 계층의 욕구로 퇴행할 수 있다고 주장하였다.

(3) 허즈버그의 이요인이론

허즈버그Herzberg는 인간에게는 두 가지 욕구가 존재하며, 이 욕구가 인간의 행동에 미치는 영향이 다르다는 **이요인이론**two-factor theory을 주장하였다. 1950년대 후반에 허즈버그는 직무만족과 불만족에 연관된 특정 요인을 규명하기 위하여 수많은 종사자들을 조사하였다. 조사결과, 특정요인들은 종사자의 직무만족도와 연관이 있는 반면, 다른 특정요인들은 직무불만족을 야기시키는 것으로 나타났다. 허즈버그가 주장한 이요인이론은 **실증연구에 토대를 두고 제안된 최초의 동기부여이론**으로 **동기-위생요인이론**이라고도 한다.

- **동기요인**motivators : **만족요인**이라고도 부르며, 직무 자체와 관련된 요인이다. **성취감, 인정, 승진, 직무자체, 성장가능성, 책임감**이 해당된다.
- 위생요인 hygiene factors : 불만요인 dissatisfier 또는 유지요인 maintenance factors이라고도 부르며, 직무 환경과 관련된 요인이다. 임금, 작업조건, 동료, 감독자 등이 해당된다. 위생요인이 충족되지 않으면 종사자는 불만을 느끼게 된다.

종사자는 동기요인이 충족되면 만족을 느끼고 위생요인이 충족되지 않으면 불만족을 느끼게 된다. 동기요인과 위생요인은 개별적으로 작용하는 별개의 요인이다. **위생요인이 충족**되면 종사자의 불만족은 제거되지만 만족도는 높아지지 않는다. 그러므로 급식소에서는 종사자가 지각이나 결근을 하면 임금 인상, 작업조건개선 등의 위생요인을 충족시켜 주는 것 뿐만 아니라 **성취감을 느낄 수 있는 업무를 배정하거나 승진, 인정 등의 동기요인을 충족**할 수 있도록 해야 한다[그림 6-2].

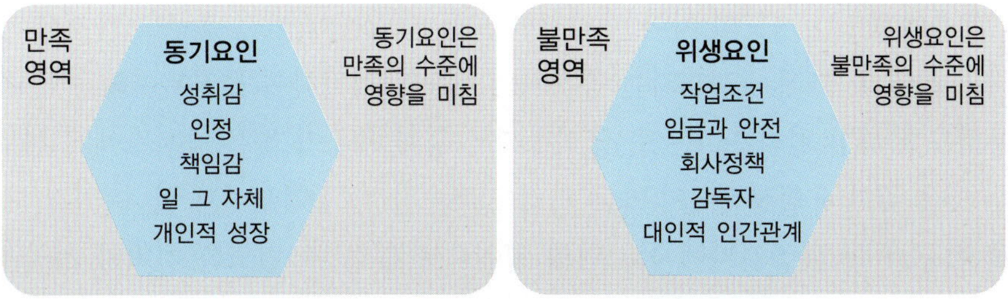

[그림 6-2] 허즈버그의 이요인이론의 개별요인

내용이론의 대표적 사상가인 매슬로우, 알더퍼와 허즈버그가 주장한 이론을 비교 · 제시한 것은 [그림 6-3]과 같다.

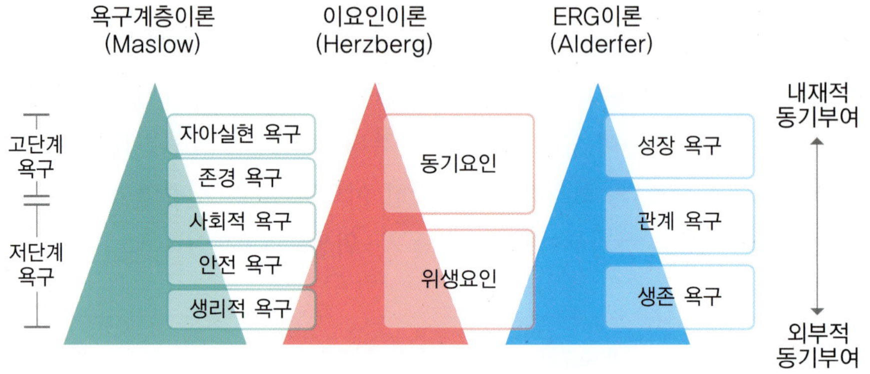

[그림 6-3] **동기부여 내용이론의 비교**

(4) 맥클리랜드의 성취동기이론

맥클리랜드 Mcclelland는 인간의 욕구는 환경과 상호작용하면서 개발되고 습득되며, 정도의 차이가 있지만 모든 사람은 **성취 욕구, 권력 욕구, 친화 욕구**를 가지고 있다고 주장하였다.

- **성취 욕구** need of achievement : 과거보다 효과적으로 업무를 수행하고자 하는 욕구이다.
- **권력 욕구** need of power : 타인에게 영향력을 발휘하고자 하는 욕구이다.
- **친화 욕구** need of affiliation : 타인과 우호적인 관계를 유지하고자 하는 욕구이다.

맥클리랜드는 정도의 차이는 있지만 모든 사람들이 이런 욕구를 가지고 있다고 하였다. 그래서 관리자는 종사자의 욕구를 파악하여 동기부여하는 데 활용하도록 해야 한다[표 6-2]. 급식소에서 성취 욕구가 높은 종사자에게 새로운 일을 주거나 일상적이지 않은 과업을 부여할 때 동기부여가 될 수 있고, 친화 욕구가 높은 종사자에게는 팀의 일원으로 일할 수 있도록 하거나 칭찬을 많이 해 주면 동기가 부여된다.

표 6-2 맥클리랜드의 성취동기이론 특징 및 동기부여 방법

구분	특징	동기부여 방법
성취 욕구	• 목표지향적임 • 도전정신이 높음 • 결과에 대한 피드백을 원함 • 문제를 해결하려는 책임감이 강함	• 새로운 직무를 배정함 • 도전적인 직무를 부여함 • 결과에 대한 피드백을 신속하게 함
권력 욕구	• 실패하는 것을 두려워함 • 상황을 통제하는 것을 선호함 • 경쟁에서 이기는 것을 좋아함 • 다른 사람과 충돌하는 것을 피하지 않음 • 다른 사람에게 영향력이 미치는 것을 좋아함	• 부분적 업무보다는 전반적인 업무를 할당함 • 본인이 직무를 계획하고 평가할 수 있도록 함
친화 욕구	• 집단에 소속되는 것을 선호함 • 동호회 등 여러 가지 활동을 즐김 • 직무보다는 동료들과의 관계로부터 만족과 보람을 얻음	• 칭찬을 많이 함 • 팀을 구성하여 일할 수 있도록 함

2) 과정이론

(1) 브룸의 기대이론

브룸 Vroom은 어떤 과정에 의하여 인간이 동기부여가 되는지 관심을 두었다. 브룸은 인간의 동기부여는 **기대**, **수단성**, **가치**의 세 가지 요소에 영향을 받는다고 주장하였다. 인간은 행동하기 전 자신이 기대하는 결과를 결정하고 이에 따라 동기부여 되는 정도가 달라진다고 주장하였다.

- 기대 expectancy : 어떤 행동이 특정한 결과를 가져오리라고 믿는 기대 정도
- 수단성 instrumentality : 어떤 특정한 수준의 결과를 달성하면 임금, 승진 등의 바람직한 보상이 제공될 것이라고 믿는 정도
- 가치 valence : 성과의 결과로 제공되는 보상의 중요성 정도

종사자가 업무를 잘 수행할 수 있다는 기대를 가지고 업무를 수행하면 적절한 보상이 제공되고, 보상이 종사자에게 가치가 있다고 여겨질 때 일에 대한

동기부여가 된다. 브룸의 기대이론에 의하면 높은 동기부여를 위하여 기대와 가치 요소는 반드시 필요하다. 높은 기대 또는 높은 가치 중 하나만 주어지면 동기부여를 하는 것이 어렵다. 예를 들면 종사자가 임금에 높은 가치를 두고 있는데 임금인상에 대한 기대가 낮으면 종사자는 급식소에서 임금인상에 대한 가능성이 낮다고 생각하여 일에 대한 동기부여가 낮아질 것이다.

(2) 아담스의 공정성이론

아담스 Adams는 모든 인간은 공정하게 대접받기를 원한다고 주장하였다. **공정성이론** equity theory은 인간이 자신의 업적에 대하여 조직으로 받은 보상을 다른 사람과 비교함으로써 인식된 공정성에 의하여 동기부여 정도가 달라진다고 본다. 자신의 업적에 대한 보상이 다른 사람과 동일하면 조직으로부터 **공정한 대우(상태)**를 받고 있다고 인식한다. 그러나 자신의 업적에 대한 보상이 다른 사람보다 적다는 **부정적인 불공정**을 인식하게 되면 종사자는 노력을 덜 하게 된다. 이러한 부정적인 불공정성 상태가 지속되면 종사자가 조직을 떠날 수도 있다. 반면 자신의 업적보다 높은 보상을 받고 있다고 인식하는 종사자는 **긍정적인 불공정**을 해결하기 위하여 더욱더 열심히 일하게 된다[그림 6-4]. 아담스의 공정성이론은 종사자의 업적을 개량화하기 어려운 부서에서는 적용하기 어려운 경우가 있다.

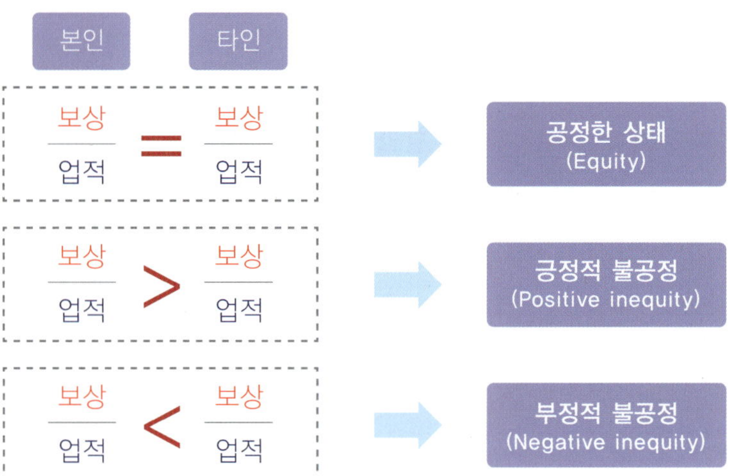

[그림 6-4] 아담스의 공정성이론

(3) 드러커의 목표관리법

드러커 Drucker가 주장한 **목표관리법** management by objective ; MBO[Chapter 04 참조]은 목표달성을 위하여 일하려고 하는 개인의 의도가 동기부여의 주된 요인이라는 것에 기초한 이론이다. 목표관리법은 조직의 목표와 개인의 목표를 합의하여 종사자가 일하고자 하는 욕구를 향상하고 조직의 목표를 달성할 수 있도록 해야 함을 강조하였다. 이를 위하여 종사자가 달성해야 하는 목표를 구체적으로 설정하고 이에 대한 성과를 관리자와 종사자가 함께 평가하도록 한다. 목표는 약간 달성하기 어려운 수준으로 설정하고, 종사자가 목표를 달성하면 보상을 제공하도록 한다.

3) 강화이론

(1) 스키너의 강화이론

강화이론의 대표학자인 **스키너** Skinner는 인간은 긍정적인 결과가 나온 행동을 반복하려는 경향이 있다고 주장하였다. 인간은 긍정적인 결과를 선호하고 부정적인 결과가 발생되지 않도록 행동하기 때문에 장려하고 싶은 종사자의 행동에 대해서는 칭찬을 하거나 보상을 해 주어 종사자의 동기가 부여되도록 하는 것이 필요하다.

3. 직무만족과 동기부여

직무만족은 종사자가 직무에 대하여 가지고 있는 느낌 및 감정적인 상태로 직장의 임금, 승진 기회, 자아성취 등에 대하여 어느 정도 만족하고 있는가를 나타낸다. 종사자의 동기부여 정도와 직무만족 간에는 높은 관련성이 있다. 직무에 만족하면 동기부여 정도가 높고 직무에 대한 만족도가 낮으면 동기부여가 낮아진다. 결과적으로 직무성과를 높이기 위해서는 종사자의 직무만족을 높이는 방안에 대하여 관심을 가져야 한다. **직무만족을 측정하는 대표적인 도구**로는 **직무기술지표**, **미네소타 직무만족설문지**, **얼굴표정척도**가 있다. **직무기술지표**는 직무자체, 급여, 승진, 동료들, 감독의 구체적인 직무 분야에 대한 만족을 측정하는 것으로, 총 72문항으로 구성되어 있다[그림 6-5, 표 6-3, 표 6-4].

표 6-3 **직무기술지표** job descriptive index ; JDI

직무에 대한 만족을 직무자체, 급여, 승진, 동료, 감독의 범주로 분류하여 측정하는 도구이다.

직무 자체 work	
1. 내가 하고 있는 일은 흥미 있다.	예 ? 아니오
2. 내가 하고 있는 일은 일상적이고 판에 박힌 업무이다.	예 ? 아니오
3. 내가 하고 있는 일은 새로운 아이디어와 창의력을 필요로 한다.	예 ? 아니오
4. 내가 하고 있는 일은 다른 이들에게 존경받는 업무이다.	예 ? 아니오
…	
급여 pay	
1. 내가 받고 있는 급여는 정상적인 생활을 하기에 적당하다.	예 ? 아니오
2. 나의 급여 수준은 겨우 생활을 꾸려나갈 정도이다.	예 ? 아니오
3. 나의 급여는 내가 일한 것에 비하면 적은 대가이다.	예 ? 아니오
4. 나의 급여 배분은 공정하고 만족스럽다.	예 ? 아니오
…	
승진 promotions	
1. 나의 직장은 승진을 대비한 능력개발 및 훈련 프로그램이 많다.	예 ? 아니오
2. 나의 직업은 진급에는 희망이 없는 직업이다.	예 ? 아니오
3. 나의 직장은 승진의 기회가 다소 제한적이다.	예 ? 아니오
4. 나의 직장은 불공평한 승진이 이루어지고 있다.	예 ? 아니오
…	
동료들 co-workers	
1. 나의 동료들은 나에게 자극과 격려가 된다.	예 ? 아니오
2. 나의 동료들은 나를 지루하게 한다.	예 ? 아니오
3. 나의 동료들은 책임감이 있다.	예 ? 아니오
4. 나의 동료들은 호감이 가지 않는 편이다.	예 ? 아니오
…	
상사의 감독 supervision	
1. 나를 감독하고 관리할 때 나의 상사는 나의 조언을 묻는다.	예 ? 아니오
2. 나의 상사가 나에 대해 하는 감독과 지시는 유쾌하지 않다.	예 ? 아니오
3. 나의 상사는 내가 일을 잘 했을 때 칭찬을 한다.	예 ? 아니오
4. 나의 상사는 나에게 영향을 미친다.	예 ? 아니오
…	

직무만족도 점수 산출

- 긍정 문항의 경우는 예=3점, 아니오=0점, ?=1점
- 부정 문항의 경우는 아니오=3점, 예=0점, ?=1점
- 직무만족도(JDI)=각 문항의 점수의 총 합계 점수÷문항수이며, 범주별 만족도 점수도 마찬가지 요령으로 산출함

* JDI 부분발췌

표 6-4 미네소타 직무만족설문지 minnesota satisfaction questionnaire ; MSQ

직무에 대한 만족을 직무의 창의성, 독립성, 감독-인간관계, 감독-기술적 측면, 작업 조건으로 분류하여 측정하는 도구이다.

현재의 일에서 다음과 같은 사항에 얼마나 만족하고 계십니까?	
1. 항상 바쁘게 일하는가	① ② ③ ④ ⑤
2. 혼자 독립적으로 일할 수 있는 기회	① ② ③ ④ ⑤
3. 때때로 다양한 일을 수행하는 기회	① ② ③ ④ ⑤
4. 지역 사회에서 중요한 인물이 될 수 있는 기회	① ② ③ ④ ⑤
5. 상사가 부하는 다루는 방법	① ② ③ ④ ⑤
6. 의사 결정 시 나의 상사의 역량	① ② ③ ④ ⑤
7. 본인 양심에 위배되지 않고 일할 수 있는가	① ② ③ ④ ⑤
8. 나의 직장이 안정된 고용을 제공하는 방법	① ② ③ ④ ⑤
9. 다른 사람을 위해 무언가 일할 수 있는 기회	① ② ③ ④ ⑤
10. 사람들에게 무엇을 하라고 요구할 수 있는 기회	① ② ③ ④ ⑤
…	

(①=만족하지 않음 / ②=약간 만족 / ③=만족 / ④=매우 만족 / ⑤=정말로 만족)

- 웃는 얼굴에서부터 우울한 얼굴을 그림으로 표현하여 직무에 대한 만족도를 측정하는 척도로 글로 표현된 척도의 모호성을 줄여 준다.

〈얼굴표정척도를 이용한 직무만족도 조사〉

본인이 직무에 대하여 느끼는 정도를 가장 잘 나타낸 얼굴에 ✓ 표시하세요.

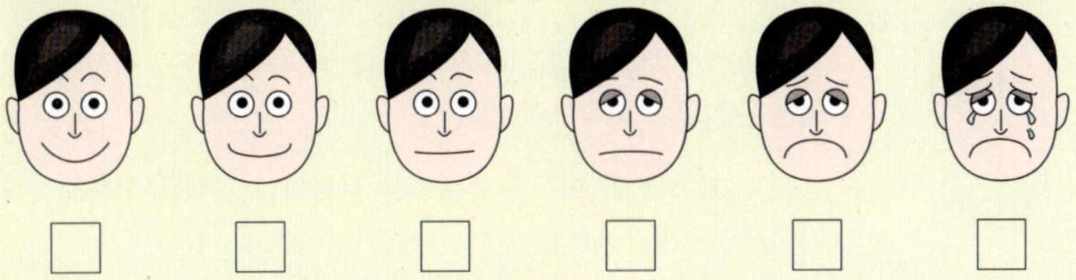

[그림 6-5] 얼굴표정척도 faces scale

쉬어가기 직장인의 동기부여 관련 기사 1

한국과 일본 직장인들의 동기부여가 다른 국가들에 비해 심각하게 낮은 수준으로 나타났다. 영국의 조사기관인 FDS 인터내셔널이 23개 국가의 18세 이상 종사자 1만 3,832명을 대상으로 일에 대한 태도와 만족도를 조사한 결과 한국은 20위에 머물렀으며, 일본은 최하위권이었다. 양국의 경제 성장을 이끈 원동력으로 일에 대한 사명감과 근면성이 꼽힌다는 것을 고려했을 때 이는 충격적인 결과다.

노무라종합연구소가 최근 일본의 20~50대 직장인 1만 명을 대상으로 조사한 결과 '자신이 하는 일의 목적은 회사를 발전시키는 것이다'라고 응답한 20, 30대의 비중은 40, 50대에 비해 10%포인트 이상 낮게 나타났다. 반면 '수입이 줄어들더라도 자신이 하고 싶은 일을 하고 싶다', '일과 생활의 균형을 찾고 싶다'는 응답은 젊은 세대에서 더 높게 나타났다.

노무라종합연구소는 직원들의 동기부여 수준을 높이기 위해 가치관점, 기회관점, 혁신관점, 의사소통관점, 권한위임관점의 접근법을 제시했다. 남동완 노무라종합연구소 팀장은 "기업경영진은 5가지 접근법을 조합해 종사자들의 창조성과 기업가 정신을 이끌어 내고, 일에 대한 열정과 자기 계발 의지를 고취시킬 수 있다"라고 설명했다.

동기부여 우수 사례로는 다마고치, 가면라이더, 건담 등 수많은 히트상품을 출시한 일본의 장난감 회사 반다이가 꼽혔다. 반다이는 혁신가 정신, 엔터테이너 정신을 모든 조직구성원이 실천해야 하는 행동규범으로 삼았다. 또한 실패한 사람에게도 다시 기회를 제공하는 식으로 종사자들의 동기부여를 극대화했다.

동기부여 향상 방법론	
가치관점	미션이나 비전, 행동 규범 등을 설정해 종사자들이 사회의 긍정적 변화를 선도한다는 느낌을 가질 수 있도록 한다.
기회관점	종사자에게 학습과 성장, 도전 기회를 제공해 조직을 성장의 무대라는 관점으로 바라보게 한다.
혁신관점	조직 내에 창조와 혁신을 존중하는 문화와 시스템을 구축해 기업가 정신을 이끌어낸다.
의사소통관점	일에 대한 열정과 자기계발에 대해 종사자들끼리 자연스럽게 대화할 수 있는 기회와 환경을 구축한다.
권한위임관점	개인이 욕구불만 없이 마음껏 실력을 발휘할 수 있는 유연한 업무환경을 제공한다.

쉬어가기 직장인의 동기부여 관련 기사 2

직장인 10명 중 5명 이상은 직무에 대한 열정과 관련해 '받은 만큼 일한다'고 생각하는 것으로 나타났다. 취업정보 전문 업체 잡코리아는 직업이 있는(일을 하는) 성인남녀 743명을 대상으로 '스스로 생각하기에 본인이 열정적으로 일하고 있는가?'에 관해 설문 조사한 결과를 발표했다.

이에 따르면, 설문에 응한 직장인의 약 55%는 '(보수) 받은 만큼 일한다'고 답했다. 반면 '(보수에 관계없이) 열정적으로 일한다'는 응답자는 33.1%로 10명 중 3명 정도에 그쳤으며, 11.2%는 '받은 만큼도 일하지 않는다'고 답했다.

'일할 때 가장 동기부여가 되는 것'(복수응답) 1위는 '연봉 · 인센티브'(60.8%)로 나타났다. 이어 상사 · 동료와의 단합이 잘될 때 일이 잘된다는 '동료관계의 영향'(36.7%)이 높아 직장생활에서 대인관계의 중요성이 다시 한 번 드러났다. '자율적인 분위기에서 일이 더 잘된다'(27.5%)거나 '잘 쉬어야 일이 잘된다'(24.0%)는 답변이 있었다.

한편, '일과 관련된 목표가 있는가'에 관해 조사한 결과, 전체 응답자의 82.6%가 있다고 답했다. 특히 남성 직장인의 89.6%는 '일과 관련된 목표가 있다'고 답해 여성(79.1%)보다 소폭 높았다. 일과 관련해 이루고 싶은 목표는 '일(직무분야)에서의 성취'와 관련된 내용이 43.5%로 가장 많았고, 이어 '일하는 동안 연봉을 최대 얼마까지 받고 싶다'(27.0%)거나, '직장에서 고위직급까지 승진하고 싶다'(15.1%)는 답변이 뒤를 이었다. '지금 일하고 있는 이유'(복수응답)에 대해서는 '경제력 향상'(63.3%)과 보다 '윤택한 생활'(45.2%)을 위해 일한다는 직장인들이 가장 많았다. 그 외에 남성 직장인들은 '사람들과 만나고 소통하는 사회생활을 위해'(20.3%) 일을 한다는 응답들이 상대적으로 많았고, 여성 직장인들은 '능력을 발휘해 무언가를 이루기 위해'(24.2%) 일을 한다는 응답이 상대적으로 많았다.

4. 리더십의 의의

리더십 leadership은 조직의 목표달성을 위하여 리더가 종사자의 행동에 영향을 미치는 과정 또는 힘으로 정의할 수 있으며, 동기부여와 리더십은 긴밀한 관련이 있다. 유능한 리더는 종사자가 자발적으로 직무를 수행하도록 동기부여하고 조직의 목표를 달성할 수 있도록 통솔할 수 있어야 한다.

5. 리더십이론

1) 인간 본성에 관한 이론

인간의 본성에 대한 이론은 동기부여와 리더십이론의 기반이 되었다. 관리자는 동기부여가 높은 환경을 조성하기 위해서 인간의 본성에 대해 이해하는 것이 필요하다. **인간 본성에 관한 이론을 주장한 대표적인 학자**로는 **맥그리거** Mcgregor와 **아지리스** Argyris가 있다.

(1) 맥그리거의 XY이론

맥그리거는 인간의 본성과 동기부여의 관계를 이해하는 것이 중요하다고 주장하였다. 맥그리거는 인간의 본성을 두 가지의 유형으로 개념화하였으며, 이를 **XY이론** theory X and theory Y이라 하였다. **X이론의 경향이 높은 리더**는 **전제적 리더**가 될 가능성이 높고, **Y이론의 경향이 높은 리더**는 **참여적 리더**가 될 가능성이 높다. 인간의 본성과 연관되어 있는 XY이론의 기본 가정은 [그림 6-6]과 같다.

- **X이론:** 인간의 본성에 **부정적인 견해**를 갖는 이론으로, 인간은 두려움에 의하여 동기부여되므로 관리자는 종사자를 철저하게 관리 · 감독해야 한다고 하였다.
- **Y이론:** 인간의 본성에 **긍정적인 견해**를 갖는 이론으로 종사자가 개인의 만족감을 느끼면서 자발적으로 일을 하도록 해야 한다고 하였다.

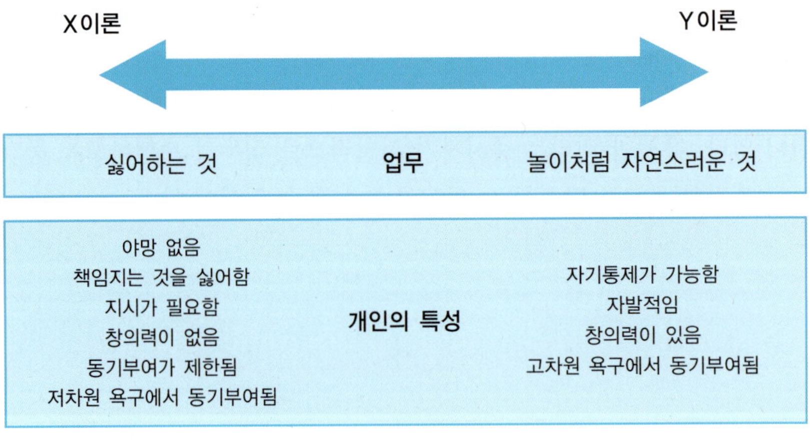

[그림 6-6] 맥그리거의 XY이론

(2) 아지리스의 미성숙-성숙 이론

아지리스 Argyris는 인간은 성장하면서 다양한 성격의 변화가 일어나며 성격이 **미성숙에서 성숙으로 발전해 간다고 주장**하였다. **미성숙** 단계에서는 수동적이고 의존적이며 자아의식이 결여되어 있는 반면 **성숙**의 단계로 갈수록 능동적, 독립적이며 자아의식과 자기통제 능력이 강화된다. 아지리스는 조직에서 다양한 환경을 조성하여 종사자를 미성숙 단계에서 성숙의 단계로 발전할 수 있도록 동기부여 해야 하나, 많은 조직에서는 이런 환경 조성을 제공해 주지 못하여 종사자들을 미성숙한 상태로 놓아두고 있다고 주장하였다. 이론에 따르면 관리자는 종사자의 잠재력을 최대한으로 끌어낼 수 있는 기회와 환경을 제공해야 한다. 급식소에서는 비슷한 업무가 반복되는 경우가 많으므로 관리자는 작업환경을 최대한으로 다양하게 구성하여 종사자들의 잠재능력을 이끌어 내고 동기부여 될 수 있도록 해야 한다.

2) 리더십의 특성이론

리더십과 관련한 다양한 연구가 시작된 1940년대에는 사회적으로 성공한 리더로 평가받고 있는 사람들의 인적 특징을 파악하는 것에 관심을 두었다. **특성이론**은 사회적으로 훌륭한 리더를 중심으로 전개되어 **리더십의 위인이론** greatman theory 또는 리더의 선천적 자질을 유능한 리더로 파악하므로 **선천적 리더십이론** natural leadership theory이라고도 한다. 특성이론은 리더의 신체적 · 지적 · 성격 특성을 규명하고 직무를 수행하는 데 필요한 리더의 자격 조건을 분석하여 적절한 인적자원을 관리할 수 있도록 하였다.

- **리더의 특성요소:** 신체적 특성(외모, 신장), 지적 특성, 성격 특성(열의, 자신감), 업무적 특성(성취욕, 창의력), 사회적 특성(인간관계, 협동력), 추진력(성취, 동기, 에너지), 정직성, 성실성 등

그러나 리더십의 특성이론은 리더가 가지고 있는 공통적인 특성을 일반화하기에는 어려움이 있고 개인적인 특성만을 가지고 리더십을 설명하기에는 한계점이 있었다.

3) 리더십의 행동이론

1950년대로 접어들면서 리더의 인성이나 신체적 특성을 강조하기보다는 **리더의 효과적인 행동에 중점**을 두었다. **행동이론**은 유능한 리더의 행동에 관심을 두었으며, 리더의 행동은 선천적으로 타고 나는 것이 아니라 훈련이나 교육에 의하여 습득되며 변화가 가능하다고 주장하였다. 행동이론에서는 리더의 행동을 **인간지향적**인지 **과업지향적**인지 구분하였으며, 대표적인 리더십행동이론으로는 **아이오와 대학** University of Iowa **모형, 미시간 대학** University of Michigan **모형, 오하이오 주립대학** Ohio State University **모형, 관리격자 모형** managerial grid이 있다.

(1) 아이오와 대학 모형

1938년 **아이오와 대학** 연구팀은 리더의 유형을 **전제적** autocratic **리더, 방임적** laissez faire **리더, 민주적** democratic **리더**로 구분하여 리더가 하는 행동에 관심을 가졌다. 세 가지 리더 중 민주적 리더를 가장 이상적인 리더로 꼽았다.

- **전제적 리더:** 권위를 사용하는 리더로 종사자를 의사결정에 참여시키지 않는다. 전제적 리더는 맥그리거의 X이론을 믿는다.
- **방임적 리더:** 종사자에게 자유를 제공하고 스스로 문제를 해결하도록 놓아두는 유형이다.
- **민주적 리더:** 설득에 의하여 다른 사람들을 지휘하는 유형으로 종사자를 의사결정과정에 참여시킨다. 민주적 리더는 맥그리거의 Y이론을 믿는다.

(2) 미시간 대학 모형

미시간 대학에서는 리더십의 유형을 **인간 중심적** employee centered **리더십**과 **과업 중심적** job centered **리더십**으로 구분하였다. 미시간 대학 모형은 리더십의 유형을 단순하게 인간 중심적과 과업 중심적으로 이분화하여 설명하고 효과적인 리더십의 유형에 대해서는 설명하지 않은 한계점이 있었다.

- **인간 중심적 리더십:** 업무에서 인간관계 유지를 강조하고 의사결정을 종사자에게 위임하여 종사자에게 만족도를 느끼도록 한다. 종사자의 승진, 자아성취 등에 관심이 많다.
- **과업 중심적 리더십:** 직무수행과 직무의 기술적 특징을 강조한다. 때로는 종사자의 행동 변화를 위하여 강압적, 합법적 권력 등을 사용한다.

(3) 오하이오 주립대학 모형

오하이오 주립대학 모형은 미시간 대학의 모형과 비슷한 개념이다. 오하이오 주립대학에서는 리더십행동을 **인간배려** consideration와 **구조주도** initiating structure의 두 가지 개념으로 구분하여 설명하였다. **인간배려형 리더**는 상호 믿음과 존경을 기초로 하여 리더와 종사자 간의 우정, 상호신뢰, 존경, 유대관계 등을 형성하는 행동을 중요시하고, **구조주도형 리더**는 업무를 결정하고 리더와 종사자 간의 관계와 의사소통 경로를 명확하게 지시하는 행동을 중시한다. 구조주도형 리더는 목표나 업무의 마감기한을 중요시하고 종사자에게 일을 구체적으로 지시하는 경향이 있다.

또한 오하이오 주립대학 모형은 인간배려와 구조주도의 두 가지 리더의 행동을 독립된 별개의 차원으로 설명하였으며, 리더의 행동을 네 가지의 유형으로 구분하였다[그림 6-7]. (1) 유형인 **높은 구조주도형과 높은 인간배려형이 가장 바람직한 리더 유형**으로, 업무는 엄격하게 지시하지만 종사자를 존중하고 신뢰한다.

한편 오하이오 주립대학 모형은 너무 단순하고 일반화하기 어려우며, 리더십의 유효성을 결정하는 데 설문조사에 의존하였고 중요한 영향을 미치는 환경변수나 상황적 요인을 무시하였기 때문에 한계점이 있었다.

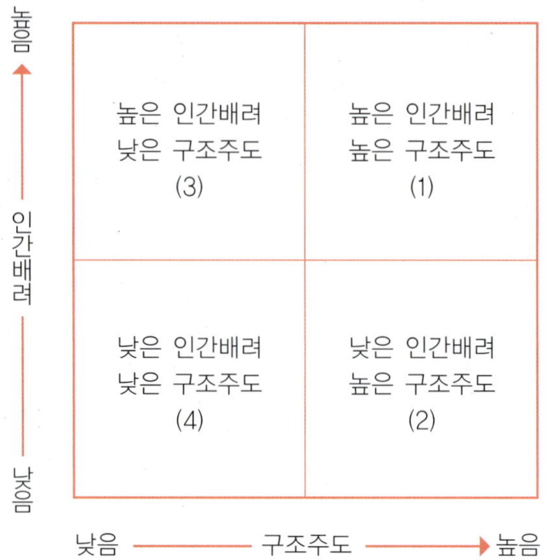

[그림 6-7] 오하이오 주립대학 모형

(4) 관리격자 모형

블레이크Blake와 **뮤톤**Mouton의 **관리격자 모형**은 오하이오 주립대학 모형을 발전시켰다. **관리격자 모형이론**은 리더십의 행동적 연구방법의 특성을 가장 잘 나타낸 이론으로 **리더십의 유형**을 **인간과 과업에 대한 관심에 따라 총 81개의 격자로 구분**하였다. 가로축을 과업에 대한 관심으로, 세로축을 인간에 대한 관심으로 구분하였으며, 대표적인 유형은 [그림 6-8]에 제시하였다. 조직에서는 여러 가지 유형 중 **인간과 과업에 대한 관심이 모두 높은 팀형**(9, 9)**을 가장 이상적인 리더**로 꼽고 있다.

- **무기력형** impoverished management(1, 1) : 매우 무관심한 관리자로 업무를 완료하기 위하여 최소한의 노력만 하고 종사자에게 관심이 거의 없다.
- **친목형** country club management(1, 9) : 관리자는 성과에는 관심이 적으며 인간, 즉 종사자에 대한 관심이 크다. 조직의 분위기 조성에는 신경을 많이 쓰지만 업무수행을 위한 노력에는 관심이 적다.
- **과업형** authority obedience management(9, 1) : 매우 지배적인 리더로 과업의 결과에만 관심을 가지고 종사자에 대한 관심은 없다.
- **중도형** middle of the road management(5, 5) : 관리자는 종사자에 대한 관심과 과업에 대한 관심이 중간 정도이고 직무의 균형에 중점을 두고 있다. 일정 수준의 목표는 달성할 수 있으나 높은 성과를 내기는 어렵다.
- **팀형** team management(9, 9) : 관리자는 종사자와 과업에 대한 관심이 모두 높으며, 종사자 모두가 직무에 열중하고 전념하는 것에 중점을 두고 있다. 신뢰나 존경의 관계를 강조한다.

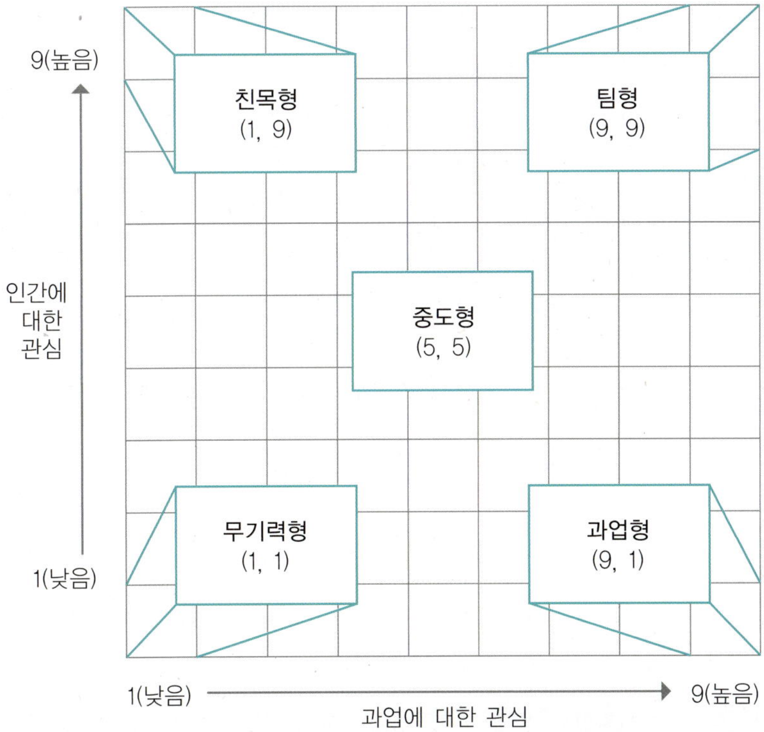

[그림 6-8] 블레이크와 뮤톤의 관리격자 모형

4) 리더십의 상황이론

리더십에 대한 연구는 특성이론을 거쳐 행동이론이 등장하였으나 모든 상황에 맞는 리더의 유형을 규명하는 이론은 되지 못하였다. 그 결과 효과적인 리더십은 단순히 하나의 보편적인 모형이 아니라 조직의 상황 여건에 따라 리더십이 결정된다는 주장이 제기되었다. **상황이론**은 **리더십의 유형과 유효성 관계에 영향을 미치는 상황적인 특성에 중점**을 두고 1960년대에 등장하였으며, 대표적인 상황이론으로는 **피들러** Fiedler**의 상황적합이론, 허시와 블랜차드의 이론**이 있다.

(1) 피들러의 상황적합이론

상황적합이론은 **리더십의 유형과 행동적 접근을 연결한 것으로 조직의 작업수행 성과는 리더십 유형과 상황요소의 상호작용에 의해 결정**된다고 주장하였다. 피들러는 **상황요소로 리더-구성원관계, 과업구조, 직위권력**이 있다고 주장하였으며 이런 상황요소에서 효과적인 리더십의 유형을 밝히고자 하였다[그림 6-9]. 리더와 구성원의 관계가 좋고, 과업구조가 명확하며, 직위권력이 높을수록 상황선호도가 좋다.

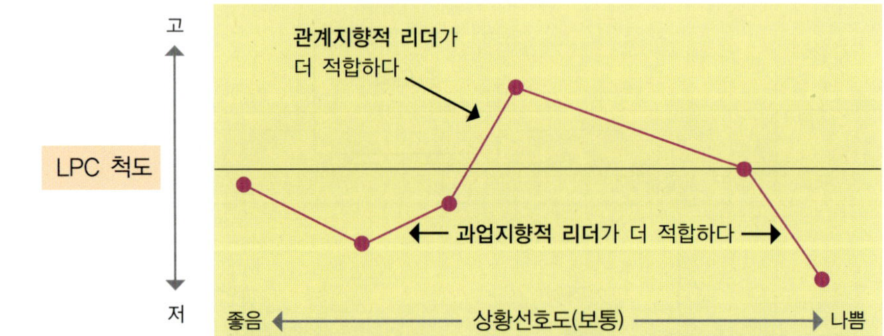

	I	II	III	IV	V	VI	VII	VIII
리더 · 구성원관계	좋음	좋음	좋음	좋음	나쁨	나쁨	나쁨	나쁨
과업구조	구조화		비구조화		구조화		비구조화	
직위권력	강함	약함	강함	약함	강함	약함	강함	약함

[그림 6-9] 피들러의 상황적합이론

- **리더-구성원관계**: 구성원이 리더에게 가지고 있는 존경이나 신뢰의 정도를 의미하며, 상호 간의 신뢰나 존경이 있으면 좋고 그렇지 않으면 나쁘다고 하였다.
- **과업구조**: 과업의 내용이나 절차가 명확하고 구체적으로 명시되어 있는 정도를 의미하며, 과업의 내용이 뚜렷하거나 절차가 반복적이면 과업구조가 높다고 할 수 있다.
- **직위권력**: 리더의 지위가 구성원에게 명령을 받아들이도록 만드는 권한의 정도를 의미하며 리더가 가지고 있는 권한이 클수록 강하게 나타난다.

피들러는 가장 좋아하지 않는 동료에 대한 평가점수를 이용한 **최소선호동료척도** least perferred coworker: LPC를 개발하여 어떤 사람이 과업지향적인지 또는 관계지향적인지 측정하고자 하였다. **LPC 척도**는 함께 일한 동료 중에서 가장 좋아하지 않았던 동료를 생각하면서 그 사람이 가지고 있는 특성을 1점에서 8점으로 응답하도록 한 후 각 문항의 점수를 더하여 산출한다. **LPC 척도가 낮다**는 것은 리더가 업무를 중시하는 **과업지향적**임을 의미하고 **LPC 척도가 높다**는 것은 사람과의 관계를 중시하는 **관계지향적**임을 의미한다. 과업지향적 리더는 강하거나 매우 약한 통제 상황에서 효과적이며, 관계지향적 리더는 중간 정도의 통제 상황에서 효과적이다.

피들러는 모든 상황에서 절대적으로 효과적인 리더는 없다고 하였다. 어떤 상황에서는 과업지향적 리더가 효과적일 수 있지만 다른 상황에서는 관계지향적 리더가 효과적일 수 있는 것이다. 따라서 조직에서는 해당 상황에 적합한 리더의 유형을 찾아서 배치하는 것이 필요하다.

(2) 허시와 블랜차드의 상황이론

허시와 **블랜차드**의 상황이론은 오하이오 주립대학의 모형을 발전시킨 것으로 **상황변수**로 **종사자의 성숙수준에 따라 리더의 유형을 변화시켜야 한다**고 주장하였다. 종사자의 업무능력과 업무수행 의지의 성숙 수준을 파악하여 **지시적 리더, 지원적 리더, 참가적 리더, 위양적 리더**로 구분하고 효과적인 리더십을 발휘한다[그림 6-10]. 일반적으로 지시적 리더나 위양적 리더는 효과적인 리더가 아니라고 평가하기도 하지만, 종사자의 성숙수준에 따라서는 해당 리더가 효과적인 리더가 될 수가 있다.

- **지시적** telling **리더:** 종사자가 업무능력도 없고 업무수행 의지도 없는 경우에는 모든 것을 지시적 리더가 지시하고 통제하는 것이 효과적이다.
- **지원적** selling **리더:** 종사자가 업무능력은 없는데 업무수행 의지는 있는 경우에는 방안을 제시해 주는 지원적 리더가 효과적이다.
- **참가적** participating **리더:** 종사자가 업무능력은 있는데 업무수행 의지가 없는 경우에는 의사결정에 참여를 유도하고 의견을 공유하여 책임감을 갖고 일할 수 있도록 참가적 리더가 효과적이다.
- **위양적** delegating **리더:** 종사자가 업무능력과 업무수행 의지 모두 있는 경우에는 업무를 위양하여 함께 일하는 위양적 리더가 효과적이다.

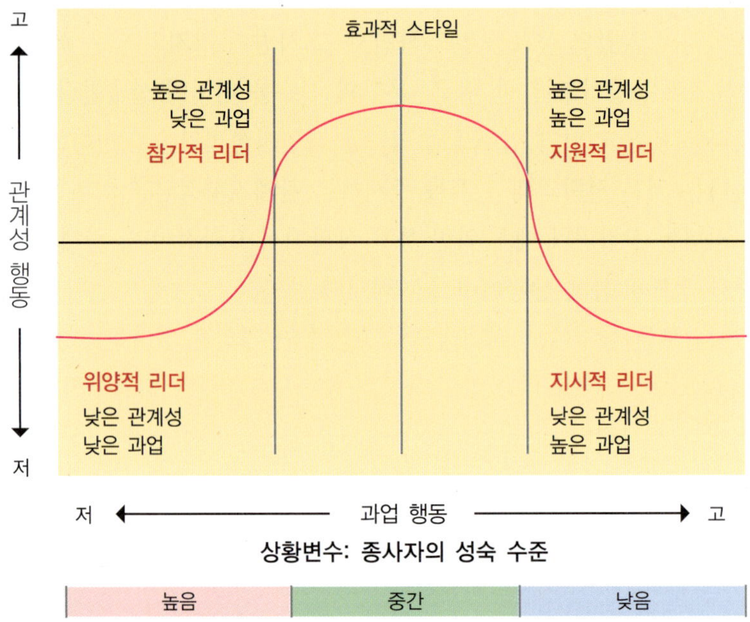

[그림 6-10] 허시와 블랜차드의 리더십 모형

5) 최근의 리더십이론

(1) 카리스마형 리더십

카리스마형 리더십은 사람을 끌어당기는 초인적인 능력을 가지고 다른 사람에게 강력한 영향력을 행사하는 리더십이다. 사람들은 리더가 가지고 있는 카리스마에 자발적으로 복종한다. 카리스마형 리더십은 다른 사람을 동원하는 데 논리적이나 관습적인 판단을 요하지 않기 때문에 **위기적 상황**이나 **신속한 대응이 필요한 상황에서 효과적**이다. 그러나 카리스마형 리더는 오랫동안 초인적인 능력을 계속 보여줄 수 없기 때문에 지속하기가 어려운 단점이 있다.

(2) 변혁적 리더십

변혁적 리더십 transformational leadership은 **버나드 베이스** Bernard bass가 처음 소개한 리더십이론으로, **종사자 개인의 관심이나 원하는 것에 관심을 두고 기존의 문제점에 대하여 새로운 관점으로 접근하여 해결하려고 하는 이론**이다. 또한 **변혁적 리더**는 리더와 종사자가 함께 동기부여 수준과 도덕 수준을 높이고자 하는 데 중점을 두고 종사자에게 높은 수준의 도덕적 가치를 제시하여 종사자의 가치관이나 행동을 변화시킨다. 변혁적 리더는 종사자에게 구체적인 비전과 전략을 제시해 준다.

한편 **카리스마형 리더십**은 리더와 종사자 간의 강력한 유대감을 중시하여 종사자를 의존적으로 만들 수 있지만, **변혁적 리더십**은 종사자에게 구체적인 비전과 전략을 제시하고 종사자의 위상을 높이는 데 중점을 두고 있다.

(3) 거래적 리더십

거래적 리더십 transactional leadership은 **종사자가 일정 수준 이상의 성과를 내면 이에 따른 보상을 제공하여 종사자의 행동의 변화를 유도하는 리더십**이다. 리더와 종사자 간에 거래관계를 토대로 한 리더십이다. 리더는 종사자에게 구체적인 업무와 해당 업무를 수행했을 때의 보상을 정확하게 설명하고 종사자는 보상의 가치를 정확하게 파악하여 해당 업무를 수행하도록 노력한다.

(4) 섬기는 리더십

그린리프 Greenleaf는 타인이 성장할 수 있도록 보살펴 주는 하인의 개념을 사용하여 **섬기는 리더십** servant leadership을 주장하였다. 섬기는 리더십은 종사자가 잠재력을 발휘할 수 있도록 그들의 입장에서 생각하고 이끌어 주는 리더십이다.

쉬어가기 바람직하지 않은 리더십

"이것밖에 안 되나, ○○에게 맡길걸 그랬군, 당신은 그래서 안 돼."

LG경제연구원은 25일 '인재를 죽이는 말 한 마디'라는 보고서를 통해 기업에서 인재를 죽이는 한 마디로 위와 같은 발언을 꼽았다. 보고서는 기업이 애써 뽑은 신입사원과 외부에서 영입한 인재가 정작 별다른 성과를 내지 못하거나 업무에 적응하지 못하고 떠나는 것은 인재를 키워 내지 못하고 되레 죽이는 환경 때문이라고 지적했다. 특히 인재를 죽이는 대표적인 경우로 '사람의 기를 죽이는 다른 사람들, 특히 리더의 말 한 마디'가 꼽혔다. 열심히 업무를 진행한 사원에게 "이것 밖에 안 되냐"는 질책이 반복되면 '잘해야 본전'이라는 분위기가 팽배해지면서 아무리 인재가 모인 조직이라도 성과가 떨어지기 마련이라는 설명이다.

보고서는 피드백을 시작할 때 "이건 잘 했네"라는 긍정적인 말을 먼저 하고 보완할 부분을 이야기하면 인재의 기를 살릴 수 있다고 강조했다. 또 가장 좋은 동기부여 방법은 직원들이 잘한 일을 리더가 잘한다고 충분히 인정해 주는 것이라고 덧붙였다. 리더가 부하의 장점보다 단점에 주목한다면 그 사람이 갖고 있는 재능을 쓸 수 있는 기회가 사라진다는 것이다.

이는 상사에게 "왜 ○○씨 같이 못하나, ○○씨에게 맡길 걸 그랬군"이라는 말을 듣는 사람보다 "당신은 논리력이 좋고 ○○씨는 정보력이 뛰어나지요"라는 말을 듣는 사람이 능력 발휘를 할 수 있다는 뜻이기도 하다. 특히 "당신은 그래서 안 돼"라는 말은 그 사람의 가능성 자체를 부정하는 말이기 때문에 인재를 죽이는 가장 치명적인 말이라고 보고서는 밝혔다.

쉬어가기 최근 리더십 유형

최근 주목받는 리더십 4가지… 당신은 어떤 유형입니까?

리더십에도 트렌드가 있다. 시대 흐름에 맞게 적절한 리더십의 유형도 변한다는 뜻이다. 조앤 마르케스 미국 캘리포니아 우드베리대 Woodbury University 교수는 변화된 리더십의 지형을 파악하기 위해 2005년부터 2014년까지의 리더십과 관련된 논문 및 심층인터뷰 자료 72건을 분석하여 리더십 유형 recent style 4가지를 뽑아냈다. 최근 중요성이 부각되고 있는 리더십은 **진성 리더십** authentic leadership, **공감 리더십** empathetic leadership, **깨어 있는 리더십** awakened leadership, **공명 리더십** resonant leadership 등이다.

진성 리더십은 리더가 언제나 부하들에게 도덕적으로 모범적인 모습을 보이는 것이다. **공감 리더십**은 리더의 '역지사지'를 부각시키는 리더십이다. 공감 리더십이 주목받는 이유는 부하들이 기본적으로 조직에서 본인의 역할과 존재감을 리더에게 알리고 공감해 주길 원하는 데 있다. 이를 위해서는 리더가 무엇보다 작업 현장에서 부하들과 함께 경험해 보고 소통하려는 리더십이 절실히 요구된다. **깨어 있는 리더십**은 리더의 지속적인 자아 성찰을 전제로 하며 각성을 통한 새로운 교훈의 습득을 목표로 한다. **공명 리더십**은 리더가 보유하고 있는 정서적 지능을 조직 구성원들에게 십분 활용해 그들의 자발적 반향과 영감을 불러일으켜 내적 모티베이션 수준을 높인다. 또한 구성원 개개인의 성과 향상을 위해 그들의 감성적 부분을 어루만지고, 어려움과 기쁨을 함께 공유하며, 이를 통해 리더가 가고자 하는 방향대로 이끈다. 마르케스 교수는 특히 공명 리더십이 앞서 제시한 몇 가지 리더십 유형들을 대부분 포함하는 리더십 유형이라고 주장했다.

급식경영학

급식경영관리 조정 : 의사소통과 의사결정

학습목표

- 의사소통의 의의와 과정을 이해할 수 있다.
- 의사소통의 유형을 구분하여 설명할 수 있다.
- 의사결정의 의의를 이해하고 의사결정의 유형과 기법을 설명할 수 있다.
- 집단 의사결정 방법에 대하여 설명할 수 있다.

1. 의사소통

1) 의사소통의 의의

의사소통 communication은 리더십과 동기부여를 위한 중요한 수단으로 사람 사이의 언어나 비언어 등의 수단을 사용하여 자신의 생각이나 정보, 감정 등을 교환하는 과정이다. 조직의 목표를 달성하기 위해서는 구성원과 원활한 의사소통이 필수적이다. 특히, 급식소에서는 구성원 간의 의사소통뿐만 아니라 고객의 욕구를 충족시키고 만족도를 향상시키기 위하여 종사자와 고객 간의 의사소통도 매우 중요하다.

2) 의사소통의 과정

의사소통은 발신자로부터 수신자에게 정보가 전달됨으로써 이루어진다. 의사소통과정의 요소로는 [그림 7-1]과 같이 **발신자, 메시지 전달 채널, 수신자** 등이 있다.

- **발신자**: 생각을 부호화하여 전달하는 사람
- **메시지 전달 채널**: 발신자로부터 수신자에게 메시지가 전달되는 경로
- **수신자**: 발신자가 전달한 메시지를 받는 사람
- **피드백**: 발신자가 전달한 메시지에 대한 수신자의 반응
- **효과**: 메시지가 전달되어 발생하는 수신자의 변화
- **소음**: 발신자가 전달한 메시지가 수신자에게 전달되는 것을 방해하는 것

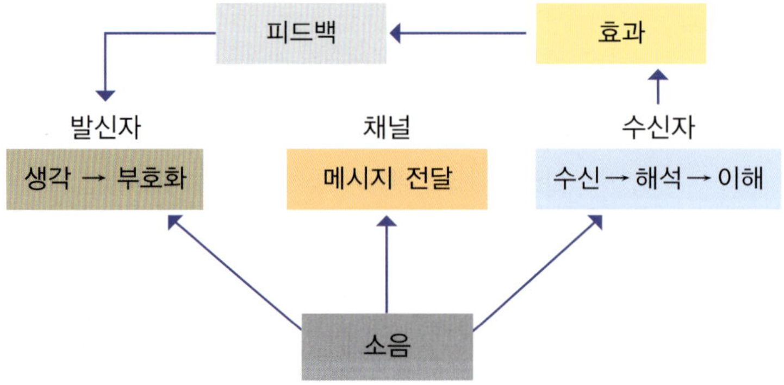

[그림 7-1] **의사소통의 과정**

3) 의사소통의 장애요인

조직의 목표를 달성하기 위해서 구성원 간의 원활한 의사소통이 중요하지만 구성원의 경력, 지식, 교육 정도 등의 차이로 인하여 **의사소통 장애**가 발생하게 된다. 구체적인 의사소통의 장애요인으로는 교육과 경험의 차이, 메시지의 명확성 부족이 있다.

의사소통의 장애요인

- 교육, 경험, 문화, 가정환경 등의 차이
- 메시지의 명확성 및 정확성의 부족: 예를 들어 '빨리' 등의 기준은 사람에 따라 다름
- 발신자의 몸짓, 얼굴 표정 등 비언어적 요소
- 수신자의 심리적 상태

4) 의사소통의 유형

조직에서의 의사소통 유형은 **공식 여부에 따라 공식적 의사소통과 비공식적 의사소통**으로, **의사소통 방향에 따라 수직적 의사소통과 교차적 의사소통**으로 구분된다. 현대 사회는 소통의 사회라고 일컬을 정도로 의사소통의 중요성이 점점 커지고 있다. 조직의 목표를 달성하기 위해서는 사람들 간의 원활한 의사소통이 기본적으로 이루어져야 한다.

(1) 공식적 의사소통과 비공식적 의사소통

조직이 공식적인 채널을 통하느냐 그렇지 않느냐에 따라 공식적 의사소통 formal network과 비공식적 의사소통 informal network으로 구분된다. **공식적 의사소통**은 공식적인 채널을 통해 형성되는 의사소통으로 계획적이고 체계적이다. **비공식적 의사소통**은 자연적인 상호관계에 의해 형성된 의사소통으로 동아리와 같은 조직을 통하여 이루어진다.

조직에서는 비공식적인 방법을 통하여 의사소통이 이루어지는 경우가 많으며, 조직 내에 형성된 비공식적인 의사소통망을 **그레이프바인** grapevine이라고 한다. **배회관리** management by walking around는 비공식적 의사소통의 한 종류로 관리자가 조직의 여러 곳을 돌아다니며 종사자 및 고객과 대화하면서 필요한 정보를 수집하고 의사를 주고받는 것이다. 공식적 의사소통이 효율적으로 이

용되지 못할 경우 배회관리가 매우 중요하게 이용될 수 있다. 비공식적 의사소통은 공식적인 의사소통을 보완하는 작용을 해야 하며 조직 내 의사소통을 촉진시키는 수단으로 작용되어야 한다. 관리자는 공식적인 의사소통뿐 아니라 동호회 및 회식자리 등을 통한 비공식적 의사소통에도 주의를 기울여야 한다.

(2) 수직적 의사소통과 교차적 의사소통

수직적 의사소통은 상향적 의사소통과 하향적 의사소통으로 구분되며, **교차적 의사소통**은 수평적 의사소통과 대각선 의사소통으로 구분된다. 수직적 의사소통 중 **상향적 의사소통** upward communication은 부하가 상사에게 메시지를 전달하는 의사소통으로 **업무 및 성과보고, 의견 제안, 불평불만, 재무 및 회계보고**가 해당한다. **하향적 의사소통** downward communication은 상사가 부하에게 메시지를 전달하는 의사소통으로 **회의, 업무 및 작업 지시, 정책 설명, 성과피드백, 주입식 교육, 규칙과 절차**가 해당한다. 교차적 의사소통 중 **수평적 의사소통** horizontal communication은 권한계층은 같으나 부서가 다른 종사자 간의 의사소통이다. 구매부서와 조리부서 간의 문제해결 및 조정이 의사소통의 예이다. **대각선 의사소통** diagonal communication은 권한계층이 다르고 직무도 다른 종사자 간의 의사소통이다. 조리 부서에서 필요한 식재료의 구매를 조리부서 관리자의 경유 없이 구매부서 담당자에게 직접 연락하여 구매하는 경우는 대각선 의사소통에 해당한다[그림 7-2].

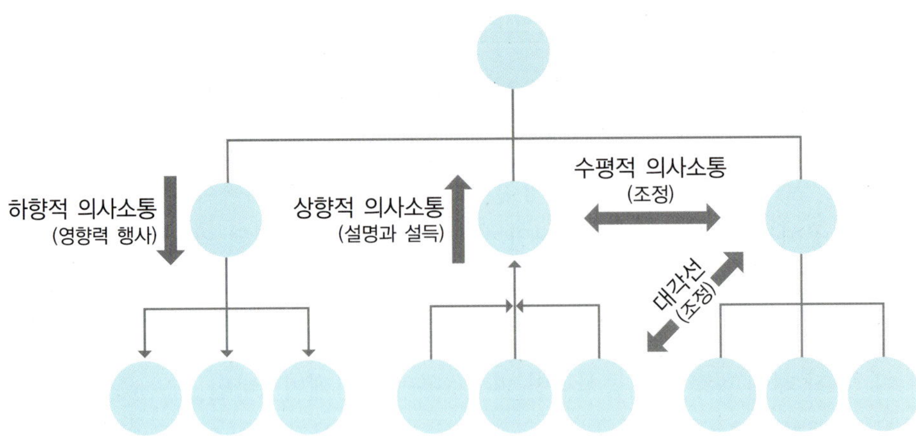

[그림 7-2] 의사소통의 유형

5) 의사소통의 개선

조직의 성공적인 목표달성을 위해서는 원활한 의사소통이 필수적이다. 종사자들은 자신의 경험, 지식, 교육 정도나 조직 환경 등을 고려하여 정확하고 분명하게 의사소통하도록 노력해야 한다. 조직에서는 **사후검토 및 피드백 실시, 용어의 명확화, 감정 배제, 경청 등을 통하여 의사소통을 개선**할 수 있다.

(1) 사후검토 및 피드백 실시

발신자는 부정확한 의사소통에서 발생하는 오해와 문제를 줄이기 위해서는 사후에 의사소통 내용을 검토 및 피드백을 활용할 수 있다. 사후검토 및 피드백을 실시하면, 전달하고자 하는 내용이 적절하게 전달되었는지 확인할 수가 있다.

(2) 용어의 명확화

발신자는 복잡한 용어보다는 명확하고 수신자가 이해 가능한 용어를 사용하여 의사소통할 필요가 있다. 또한 수신자의 경험, 지식, 교육정도 등을 고려하여 용어를 선택하여 사용해야 한다.

(3) 감정 배제

발신자가 감정적인 상태에서 의사소통을 하면 정보를 왜곡하거나 부정확하게 전달할 수 있다. 수신자도 감정적으로 안정적이지 않은 상태에서 정보를 전달받으면 사실과 다르게 잘못 해석하거나 이해할 수 있으므로 발신자와 수신자 모두 의사소통 시에는 감정을 배제하거나 억제하는 것이 필요하다.

(4) 경청

단순히 듣는 것과 경청하는 것은 다르다. 수신자는 발신자의 입장에서 전달하고자 하는 정보를 적극적으로 생각하면서 듣는 자세가 필요하다. 발신자는 상대방의 말이 끝날 때 까지 관심을 가지고 눈을 마주보면서 경청하는 자세를 가져야 한다.

쉬어가기 **듣는 것도 훈련이 필요하다**

인간은 깨어있는 시간의 70%를 의사소통에 사용하고 있다.

그중 48%가 듣기이며 35%가 말하기이다. 1%가 읽기, 7%가 쓰기이며, 기타가 9%로, 듣기는 실로 의사소통의 절반을 차지하고 있다.

– 박노환 저, '경청으로 시작하라'에서

"듣는 일은 의사소통의 기술 가운데 가장 과소평가되어 있다. 듣는 일이 중요하기 때문에 신은 우리에게 귀는 두 개, 입은 하나를 주신 것이다." 자신의 가장 중요한 경영기술로 들을 줄 아는 능력을 꼽았던 매리캐이 애쉬 회장의 말입니다.

말하기가 요령과 기술이라면, 듣기는 마음과 자세에 가깝습니다.
성공적인 리더들 대부분은 말하는 것 보다 더 많이 듣고 있습니다.

2. 의사결정

1) 의사결정의 의의

의사결정은 문제해결을 위한 여러 가지 방법 중 가장 좋은 대안을 선택하는 과정으로 조직의 목표달성을 위해 신속하고 바람직한 의사결정이 필요하다. 과거에는 조직의 의사결정이 경영자의 주관적인 판단에 의해 결정되는 경우가 많았으나, 조직환경과 상황의 변화가 빠르고 다양해져 경영자의 주관적인 판단에 의한 의사결정은 문제점을 야기할 수 있다. 이런 이유로 현대에는 환경과 상황을 고려한 최적의 대안을 선택하기 위한 다양한 의사결정이 이루어지고 있다.

2) 의사결정의 유형

의사결정의 유형은 구분 기준에 따라 여러 유형으로 분류된다. **의사결정 주체의 수에 따라서 개인 의사결정과 집단 의사결정**으로 구분되고, **의사결정 계층과 범위에 따라서 전략적 의사결정, 관리적 의사결정, 업무적 의사결정**으로 구분된다. 또한 **의사결정 대상의 성격에 따라 정형적 의사결정**과 **비정형적 의사결정**으로 구분된다.

(1) 주체의 수에 따른 분류

개인 의사결정은 의사결정이 한명의 경영자에 의해서 행해지는 경우이다. 반면 **집단 의사결정**은 의사결정자의 수가 2인 이상으로 서로 상의하고 협력하여 의사결정하는 유형을 말한다.

(2) 계층과 범위에 따른 분류

전략적 의사결정 strategic decisions은 최고경영층이 하는 의사결정으로 조직의 목표설정, 새로운 제품개발전략 등이 해당된다. 기업의 전반적인 목표와 정책의 결정, 다양한 전략의 수립, 확장 전략의 수립, 전략 집행의 타이밍 결정 등이 주요 결정사항이다. **관리적 의사결정** administrative decisions은 중간관리층이 하는 의사결정으로 자금 · 인력 · 시설 · 원자재 등 자원의 조달과 개발, 조직구조의 재편성과 정보 · 책임 및 권한의 조직화 등이 주요 결정사항이다. **업무적 의사결정** operational decisions은 하위관리층이 하는 의사결정으로 작업일정 계획, 예산 배분 등이 해당된다.

(3) 대상의 성격에 따른 분류

정형적 의사결정 programmed decisions은 일상적으로 반복되어 일정한 규칙이 정해져 있는 의사결정이다. 정형적 의사결정은 처리하는 수속절차가 프로그램이라는 형태로 확립되어 있다고 해서 프로그램화된 결정이라고 한다. **비정형적 의사결정** unprogrammed decisions은 이전 사례가 없거나 비일상적인 내용이어서 관리자의 경험과 판단에 의존하게 되는 의사결정을 말한다. 이러한 의사결정은 프로그램화하기가 어렵고 반복적으로 행하기보다는 일반적으로 단일회적이며 이례적으로 행하는 것이므로 상대적으로 어려운 의사결정이다. 따라서 이러한 경우의 의사결정은 혁신적이고 창조적이며 최고경영층에서 이루어지는 것이 일반적이다. **상위 경영층으로 갈수록 비정형적 의사결정을 하게 되는 반면, 하위 경영층은 정형적 의사결정**을 주로 하게 된다[그림 7-3].

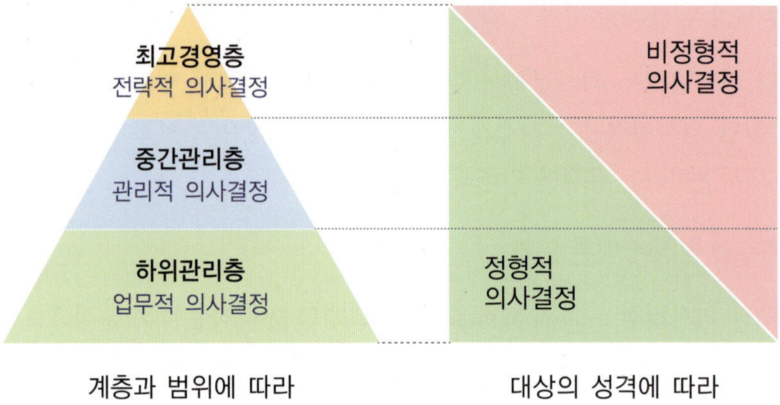

[그림 7-3] **의사결정의 유형**

3) 의사결정의 기법

경영자가 합리적으로 의사결정을 하려면 해결해야 할 문제와 달성해야 하는 조직의 목표에 가장 적합한 의사결정 기법들을 활용해야 한다. 대표적 의사결정 기법으로 **의사결정나무** decision tree, **네트워크** networks **모형**, **선형계획법** linear programming, **대기이론** queuing theory, **시뮬레이션** simulation 등이 있다.

의사결정나무

고려 중인 의사결정과 대안을 연결하여 나무 구조로 도식화해서 예측하는 방법이다. 조치의 결과나 향후에 발생할 일이 불확실할 때 주로 사용하며 문제를 도식화하여 이해하기 쉬운 장점이 있다.

급식소에서 식권 판매기를 도입할 것인지에 대한 의사결정을 하려고 한다. 경쟁 급식소에서 식권 판매기를 도입할 가능성은 65%이고, 소요되는 비용은 300만 원일 경우에 의사결정나무로 의사결정을 하는 과정은 아래와 같다.

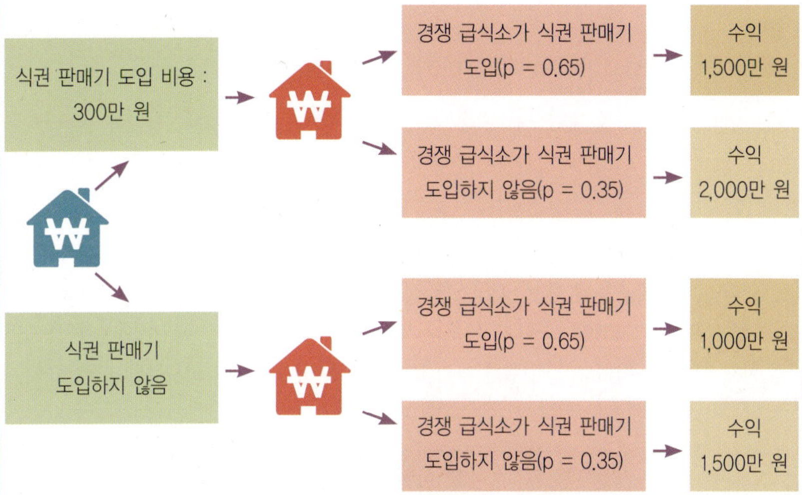

식권 판매기를 도입할 경우 기대수익

1,500 × 0.65 + 2,000 × 0.35 − 300 = 1,375만 원

식권 판매기를 도입하지 않을 경우 기대수익

1,000 × 0.65 + 1,500 × 0.35 = 1,175만 원

급식소에서 식권 판매기를 도입할 경우의 기대수익이 높으므로 도입하는 것으로 의사결정한다.

네트워크 모형

활동들 간의 연관성을 그래프화하여 나타낸 것으로 활동들이 어떤 연관성으로 수행되고 있는지를 보여준다. 규모가 크고 복잡한 시스템을 계획할 때 중요하게 사용되는 기법이다. 대표적인 네트워크 모형으로 확률적 기법인 PERT Program Evaluation & Review Technique와 확정적 기법인 CPM Critical Path Method이 있다[부록 215p 참조].

선형계획법

제한된 조건에서 목표달성을 위하여 어떻게 하는 것이 가장 합리적인지 수학적으로 문제를 해결하는 기법으로 주로 예산 편성 등에 사용된다.

점심 급식으로 영양소 A가 300mg, 영양소 B가 200mg를 충족해야 한다. 달걀 하나에는 영양소 A가 4mg, 영양소 B가 4mg, 베이컨 한 쪽에는 영양소 A가 5mg, 영양소 B가 3mg 포함되어 있다고 한다. 이때 달걀 1개의 가격은 100원, 베이컨 1개의 가격은 150원이라고 할 때 충족하고자 하는 영양조건을 만족시키면서 비용을 최소화하도록 하려면 선형계획법을 사용할 수 있다.

풀이

제공될 달걀 수량은 X, 제공될 베이컨 수량을 Y로 할 때
최소화 $Z = 100X \times 150Y$
제약조건 $4X + 5Y \geq 300$, $4X + 3Y \geq 200$, $X, Y \geq 0$를 만족하는 X와 Y를 구한다.

대기이론

고객이 기다리는 대기시간과 연관하여 의사결정을 하는 기법으로 고객들이 요구하는 서비스와 기업에서 제공할 수 있는 서비스를 적절히 맞추는 데 중점을 두고 있다. 예를 들면, 급식소를 방문하는 고객이 식권을 구입하는 데 소요되는 시간은 짧으면 짧을수록 좋지만, 식권 판매 기계를 구입하거나 인력을 추가 배치해야 하므로 적절한 의사결정이 필요하다.

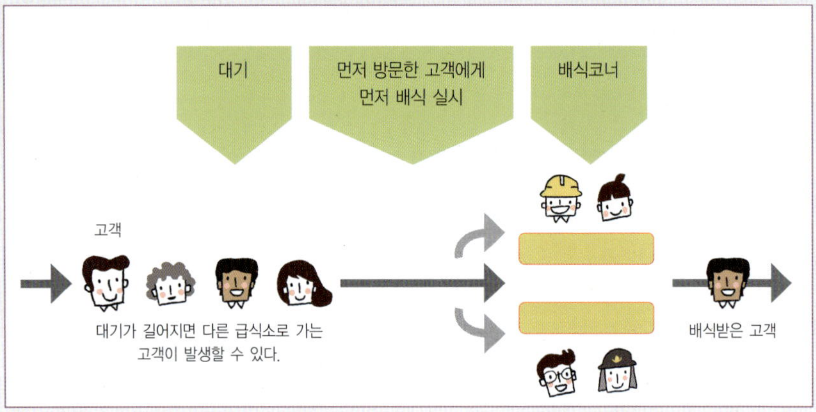

시뮬레이션

실제와 비슷한 환경 및 상태를 구현해 봄으로써 결과를 예측하는 기법이다.

4) 집단 의사결정 방법

집단 의사결정 group decision making은 조직의 문제가 집단에 의하여 의사결정되는 것으로 여러 사람이 상호작용을 하면서 의견이나 정보를 공유하여 의사결정을 하는 것이다. 규모가 큰 조직의 경우 개인의 지식이나 정보만으로는 효과적인 의사결정을 하는 것에 한계가 있으므로 집단 의사결정을 하게 된다. 집단 의사결정은 다수의 사람이 참여하므로 광범위한 정보와 지식을 얻고 적절한 대안을 찾을 수 있는 가능성이 높다. 단점으로는 많은 사람들이 참여하므로 의사결정까지 소요되는 시간이 느리고, 의사결정에 대한 책임의 소재가 불분명하다. 또한 소요경비가 많이 들고 의사결정의 과정에서 다른 사람의 영향으로 인한 잘못된 결정을 할 수도 있다. 대표적인 집단 의사결정 방법으로는 **델파이 집단기법** delphi groups technique, **브레인스토밍** brain storming, **명목 집단기법** nominal group, **포커스 집단기법** focus groups technique 등이 있다.

(1) 델파이 집단기법

델파이 집단기법은 **사람들이 모여서 토론을 하지 않고 전문가들로부터 전문적인 견해를 설문지를 통하여 조사하는 방법**이다. 익명으로 의견을 수집한 후 다시 사람들에게 의견을 발송하여 새로운 해결책이나 의견을 얻는다. 사람들은 직접 만나지 않고 익명으로 의견을 제시하므로 솔직하게 답할 수 있다. 그러나 수집된 자료 분석, 정리에 소요되는 시간이 오래 걸리는 단점이 있다.

(2) 브레인스토밍

브레인스토밍은 **특정한 주제에 대하여 사람들이 자유롭게 생각나는 아이디어를 제시하면서 의사를 결정하는 방법**이다. 리더와 10명 이내의 사람들이 특정 주제에 대한 의견을 10~60분 정도 동안 자유롭게 말하면서 해결책을 모색해 나간다. 브레인스토밍을 할 때에는 다른 사람의 생각이나 의견에 대하여 비판하지 않는 것이 중요하다.

(3) 명목 집단기법

명목 집단기법(노미널 집단기법)은 일반적으로 7~10명으로 진행되는데 사람들은 회의를 시작하기 전에 자신의 생각이나 의견을 미리 적은 후 자신의 생각이나 의견을 발표한다. 이후에 사람들은 제시된 다른 사람들의 생각이나 의견에 대한 타당성 등을 논의하고 논의가 끝나면 생각이나 의견에 대하여 각자 평점을 매겨 평점이 가장 높은 생각이나 의견을 채택한다.

(4) 포커스 집단기법

포커스 집단기법은 **대표적인 질적연구 방법 중 하나로 마케팅조사에 주로 활용**된다. 10~20명이 함께 문제점에 대하여 토론하고 의견을 제시하도록 하는 기법으로 포커스 집단 기법은 일반적으로 2시간 정도 소요된다.

쉬어가기 **의사결정의 중요성**

MS의 빌 게이츠는 50달러에 Q-DOS를 구입, 개량하여 MS-DOS라는 운영체계를 개발하여 IBM PC에 탑재하였을 뿐 아니라 제3자에게 사용권을 부여함으로써 산업의 표준을 장악하였다. 이에 반해 애플 컴퓨터의 스티브 잡스는 소프트웨어 플랫폼의 잠재력을 이해하지 못해서 애플 맥 운영시스템을 독점함으로써(애플시스템을 사용하고 싶으면 매킨토시를 반드시 구입하게 함으로써) 매킨토시시스템이 더 효율적인 운영시스템이었지만 MS에 소프트웨어에 시장을 내 주는 결과를 가져왔다.

급식경영관리 통제

01 통제의 정의
02 통제의 절차
03 통제의 유형
04 통제기법

학습목표

- 통제의 정의를 이해하고 설명할 수 있다.
- 통제의 절차를 설명할 수 있다.
- 적용시점에 따른 통제의 유형과 통제수단을 설명할 수 있다.
- 통제기법에 대해 나열하고 설명할 수 있다.

1. 통제의 정의

통제 control, controlling란 경영관리의 순환과정 중 계획수립, 조직화, 지휘 다음에 오는 기능으로 실제의 행동과 계획된 행동이 일치하는지의 여부를 확인하는 과정이다. 통제기능에는 조직구성원이 계속적으로 최선을 다하여 업무를 수행하는지를 감시 · 감독하고 수행된 업무에 대하여 정해진 기준에 부합되는지를 판단하여 잘못이 발견될 경우 이를 지적하고 수정하는 과정이 포함된다. 또한 조직구성원에게 일의 성과를 피드백함으로써 계획과 얼마의 차이가 있는지 알려주고 필요한 시정조치를 한다. 따라서 통제를 위해서는 사전에 확인하여야 할 목표나 계획이 있어야 하며 최초의 계획 없이 통제는 불가능하며 그렇기 때문에 계획은 통제의 불가결한 전제조건이 되어야 한다.

2. 통제의 절차

기업의 규모나 조직의 특성에 관계없이 기본적인 통제의 절차는 표준(기준)을 설정하고 업무활동의 실제 성과를 측정하여 설정된 표준(기준)과의 비교를 통해서 기준과의 편차가 발생했을 때 시정조치를 취하는 순서로 진행된다[그림 8-1].

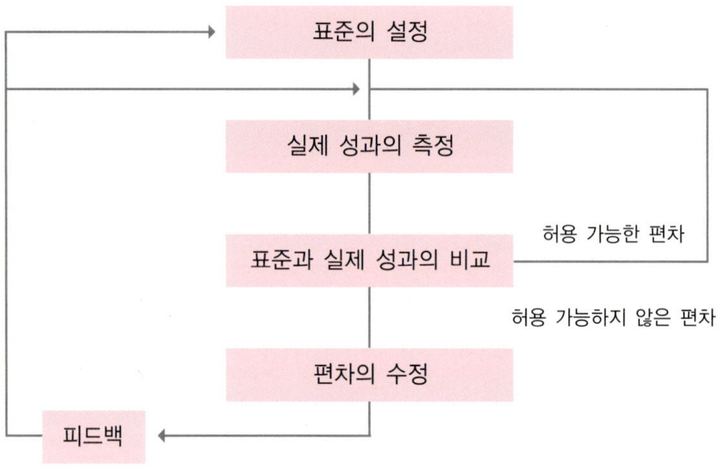

[그림 8-1] **통제의 절차**

(1) 성과표준(기준)의 설정

표준이란 실적을 측정하기 위해 설정해 놓은 기준을 말하며, 기업이나 각 부문의 계획된 목표를 말한다. **성과표준**performance standards**의 설정**은 통제활동의 첫 단계로 구체적으로 설정되어야 하며 정확하게 측정하고 평가할 수 있으며 조직구성원이 이해하기 쉬워야 한다. 예를 들어 '잔반량을 3kg에서 1kg으로 줄인다' 처럼 설정한다.

(2) 실제 성과의 측정

성과표준이 설정되면 **실제 성과**actual performance**를 측정하는 과정**으로 통제의 중심적인 단계이다. 성과측정 시에는 투입, 변환, 산출의 정보를 수집하고 분석하여 자료로 활용한다.

(3) 표준과 실제 성과의 비교

통제과정의 세 번째 단계로 **경영자가 관찰한 변화, 진행 또는 결과물을 처음 설정한 표준과 비교하여 표준이 성공적으로 달성되었는지 판단**한다[그림 8-2].

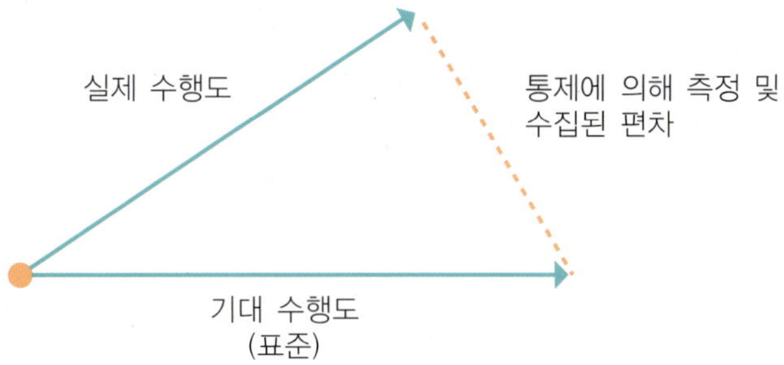

[그림 8-2] **표준과 실제 성과의 비교를 통한 통제**

(4) 편차의 수정(시정조치)과 피드백

통제과정의 마지막 단계로 **실제 성과가 표준에 도달하지 못할 경우 시정조치를 취하고 결과를 다음번 계획수립에 반영**한다. 이때 성과표준이 과도하게 설정되었는지 검토가 필요하다.

3. 통제의 유형

조직 또는 업무의 특성에 따라 적절한 유형의 통제가 필요하며, 시스템의 흐름에 따른 통제유형은 사전통제, 동시통제, 사후통제의 세 가지 유형으로 나눌 수 있다[표 8-1].

표 8-1 시스템의 흐름에 따른 통제유형

유형	사전통제 Feed-forward control	동시통제 Concurrent control	사후통제 Feed-back control
정의	• 예비통제 • 경제활동이 실제로 수행되기 전에 목표나 표준으로부터 이탈되거나 오류가 발생하는 것을 예방하기 위하여 실시하는 통제로 가장 바람직한 원천적인 통제 유형	• 진행통제 • 진행 중인 활동과 프로세스가 기준에 부합되는지를 확실하게 하기 위해 모니터링과 조정을 하는 것	• 산출물통제 • 작업 진행 후 통제하는 것으로 통제방법 중 가장 많이 사용되는 형태
적용단계	투입 Input	변환 Transformation	산출 Output
대상	투입자원의 모니터링	프로세스 모니터링	산출물에 관한 모니터링
기대효과	• 문제 예측과 예방	• 진행 중인 활동과 프로세스 조정 • 최종결과 산출 전 수정으로 비용이 감소되며, 적시에 통제가 이루어지는 장점이 있음	• 향후 발생 가능한 문제들에 대처 가능 • 원인을 분석하여 사후에 필요한 수정 조치를 취할 수 있음
급식산업에서 활용되는 통제수단	• 예산 • 영양기준량 • 식재료 검수 • 직무능력 검사 • 식수수요 예측	• 배식온도 측정 • 식사 오류 확인 • HACCP 점검표 • 작업공정표(조리공정도)	• 결산 • 잔반율 • 기호도 • 원가분석 • 고객만족도 • 1인당 매출액

4. 통제기법

통제의 기법은 **예산통제, 재무통제, 품질통제, 재고통제** 등으로 구분할 수 있다.

(1) 예산통제

예산은 돈으로 환산된 계획이므로 계획에서 다루어질 내용이면서 동시에 관리적 성과의 여부를 판단하기 위한 도구이다. 예산통제는 관리적 성과를 높이기 위하여 기업의 경영활동에 대한 계획을 화폐가치로 나타내고, 이것을 기초로 하여 경영활동을 수행하고 예산과 실제 경영활동의 성과 차이를 분석하는 관리기법이다.

(2) 재무통제

재무통제는 자본의 효과적 운용을 통제하는 것으로 재무제표와 비율분석이 주로 사용된다.

(3) 품질통제

품질통제는 비교적 최근에 조직에서 많이 사용하는 기법으로 통계적 품질관리, 품질비용, 품질 벤치마킹 기법, TQM 통제기법 등이 있다.

(4) 재고통제

재고란 생산을 효율적으로 하기 위해 수요를 만족시키기 위해 필요한 여유 비축분이다. 경영자는 재고통제를 통하여 조직 내에서 발생되는 비용을 줄일 수 있다.

급식경영학

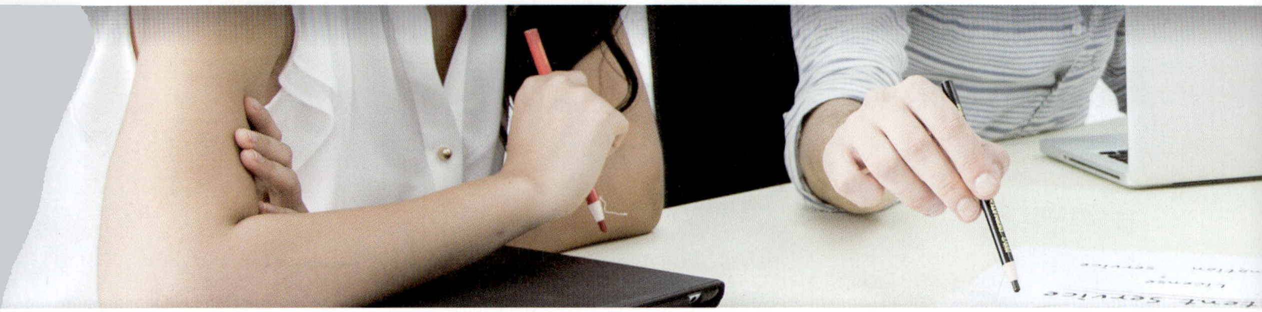

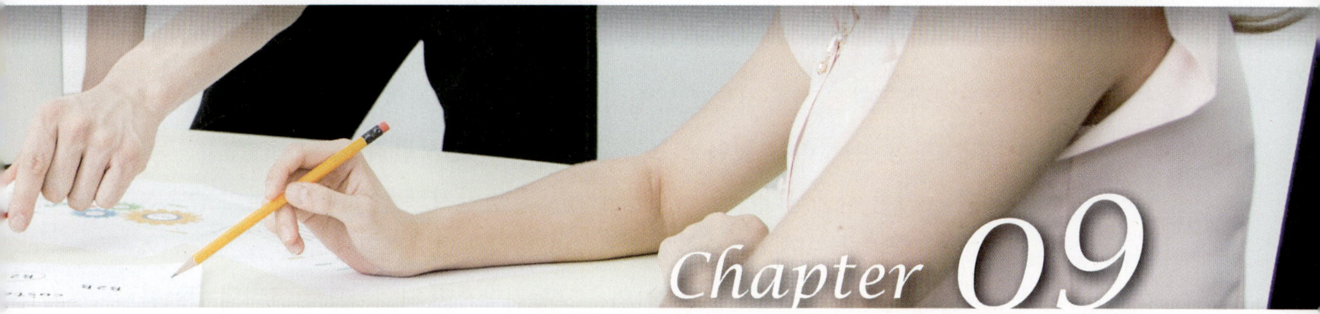

Chapter 09

급식 인적자원관리

학습목표

- 인사관리와 인적자원관리의 개념을 비교 · 설명할 수 있다.
- 직무기술서와 직무명세서를 비교 설명하고 직무설계방법을 서술할 수 있다.
- 인적자원을 개발하는 교육훈련 방법에 대하여 설명할 수 있다.
- 인사고과 방법과 인사고과 평가시 오류를 나열할 수 있다.
- 노사관계의 발전과정을 이해하고 노동조합의 기능 및 형태를 설명할 수 있다.

1. 인적자원관리 개념

조직의 목표를 효율적으로 달성하기 위해서는 적절한 인적자원을 확보하고 개발, 보상, 유지하는 것이 필요하다. 과거에는 **인사관리** personnel management 라는 용어를 사용하다가 인적자원의 가치가 높아지고 인적자원관리의 중요성이 강조되면서 인적자원의 개발에 중점을 둔 **인적자원관리** human resource management로 변화하였다. 급식산업은 노동집약적인 사업이므로 조직의 목표를 효율적으로 달성하기 위해서는 적합하고 체계적인 인적자원관리가 필요하다.

인적자원관리는 개인과 조직의 목표를 달성할 수 있도록 인적자원의 개발을 강조하는 것으로 인적자원을 **확보** procurement, **개발** development, **보상** compensation, **유지** maintenance하는 과정이다[표 9-1]. **과거 인사관리**에서는 조직의 목표달성만을 주 관심사로 하여 직무중심으로 관리를 하였지만, **현대 인적자원관리**에서는 개인목표와 조직목표의 통합에 관심을 두고 개인의 직무보다는 경력개발을 고려한다[표 9-2]. 또한 과거에는 인적자원을 확보하고 유지하는 과정을 상호작용 없이 독립적인 것으로 여겼지만 현대의 인적자원관리는 전통적인 관점에서 벗어나 각 과정들이 어떻게 상호 유기적으로 연결되어 있는지를 고려하고 있다.

표 9-1 인적자원관리의 내용 및 주요활동

주요기능	내용	주요활동
확보	조직의 목표달성을 위해 필요한 인적자원의 종류와 인원을 확보	인력계획, 직무분석, 모집 및 선발
개발	훈련 및 교육을 통하여 인적자원이 직무를 수행할 수 있도록 기술을 향상시킴	교육, 훈련, 지도
보상	직무수행에 대한 대가를 제공	임금, 복리후생
유지	인적자원이 지속적으로 근무할 수 있도록 유지	인사고과, 인사관리, 징계관리

표 9-2 인사관리와 인적자원관리의 비교

전통적 인사관리	인적자원관리
직무 중심	경력 중심
조직목표 강조	개인목표와 조직목표의 통합
소극적이고 타율적인 인간관(X이론)	주체적이고 자율적 인간관(Y이론)
단기적 안목	장기적 안목

인적자원관리는 앞장에서 배운 급식시스템의 투입, 변환과정 중 경영관리 기능, 산출과 연관되어 있는 과정이다. 투입 요소 중 하나인 인적자원을 확보하고 개발, 보상 및 유지하는 과정이 인적자원관리의 주요과정이다[그림 9-1].

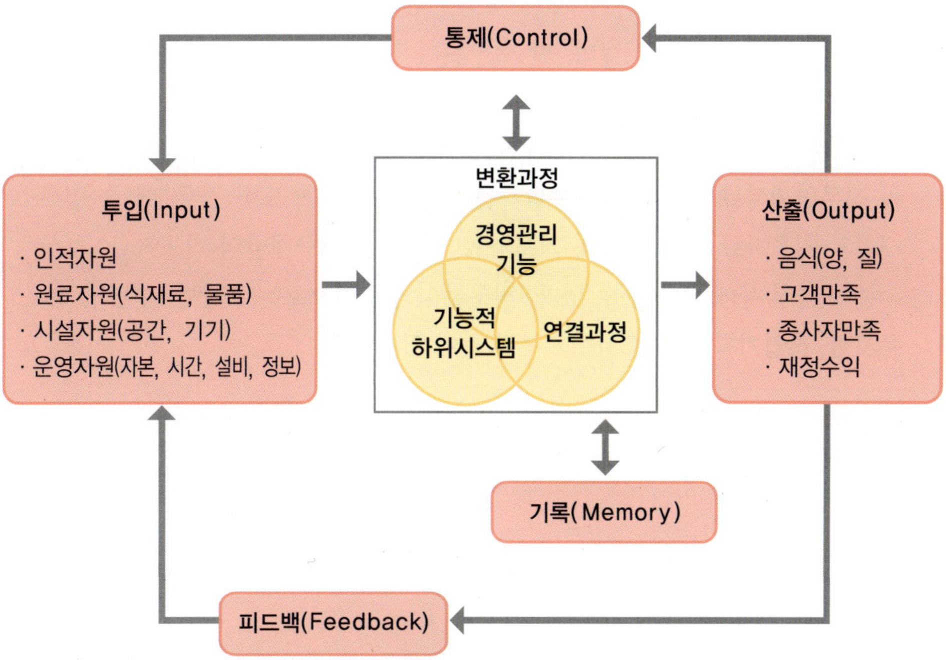

[그림 9-1] 급식시스템에서의 인적자원관리

2. 인적자원 확보

1) 인적자원 계획

우수한 인적자원을 확보하기 위해서는 먼저 조직의 상황을 고려하여 필요한 인적자원에 대한 계획이 이루어져야 한다. **인적자원 계획** human resources planning은 조직에서 필요한 인력을 사전에 예측하여 확보하기 위한 방법을 결정하는 과정이다. 인적자원 계획을 수립할 때에는 조직 내·외부의 환경분석을 바탕으로 하여 필요한 인적자원의 자질, 인원 수 등에 대하여 예측해야 한다.

(1) 직무분석

직무분석은 직무의 내용·특성 등을 분석하여 직무를 수행하기 위하여 종사자에게 요구되는 자격과 기술에 대한 정보를 수집하고 다른 직무와의 차이를 밝히는 과정이다. 직무분석은 종사자가 수행해야 하는 직무의 내용, 책임, 난이도뿐 아니라 소요되는 경비, 타 직무와의 차이점 등에 대하여 파악하는 것을 말한다.

직무분석을 하는 이유는 인적자원을 확보하는 데 기초가 되는 **직무기술서**와 **직무명세서**를 작성하여 **직무평가**를 하기 위함이다. 또한 직무분석은 업무개선의 기초자료, 인사고과의 기초자료, 종사원 훈련 개발의 기초자료, 보상수준의 결정 등에 활용될 수 있다. **직무분석의 방법**으로는 **관찰법**, **면담법**, **질문지법**, **작업기록법**, **중요사실기록법** 등이 있다.

- **관찰법**: 직무분석 담당자가 직무수행자를 직접 관찰하고 해당 내용을 기록하는 방법이다. 종사자가 물리적인 활동을 할 때는 가능하지만 정신적인 활동의 경우 관찰이 불가능하며 직무가 시작해서 완료될 때 까지 시간이 많이 걸리면 적용하기가 어렵다.
- **면담법**: 직무분석 담당자가 직무수행자와 직접 면담을 실시하여 직무를 획득하는 방법이다. 개별면담과 집단면담이 있으며, 정신적 활동도 파악할 수 있는 장점이 있다. 그러나 직무를 수행하는 종사자가 직무분석의 결과로 자신이 불이익을 받을 수 있다고 판단되면 정확한 정보를 제공하지 않을 수 있다.
- **질문지법**: 직무수행자에게 설문지를 나누어 주고 답하게 하여 직무에 대한 정보를 획득하는 방법이다. 정보 수집을 위한 노력과 시간이 상대적으로 적을 수 있지만 정확하게 응답해 주지 않으면 신뢰도에 문제가 발생할 수 있다.
- **작업기록법**: 직무수행자가 작성하는 작업일지나 기록을 토대로 하여 직무에 대한 정보를 수집하는 방법이다. 수집한 정보의 신뢰도는 높지만 원하는 정보를 얻지 못할 수 있다.

직무분석은 **직무기술서** 및 **직무명세서**를 작성하거나 **직무평가** 시 활용된다. 직무기술서나 직무명세서는 종사자의 모집, 선발, 배치, 교육훈련 등 인적자원관리의 기초자료로 활용되고 직무평가는 임금관리 시 기초자료로 활용된다[그림 9-2].

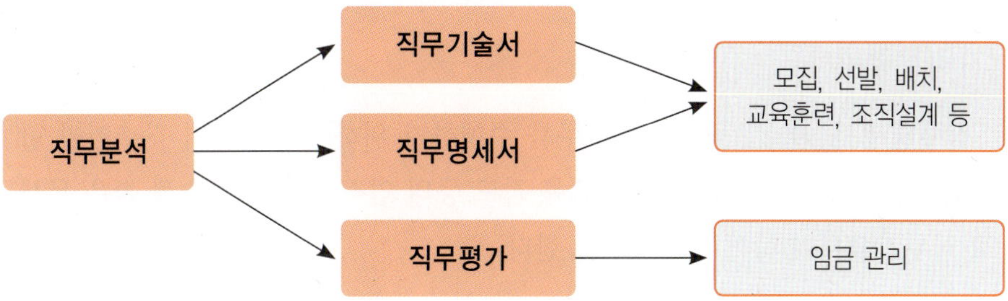

[그림 9-2] **직무분석의 용도**

쉬어가기 **영양사 직무분석**

현대그린푸드에서는 영양사 직무를 아래와 같이 분석하였다.

식품관련 영양사

- 집단급식시설에서 급식관리업무를 총괄관리합니다.
- 급식대상집단의 영양섭취기준에 따라 음식명, 식재료, 영양성분, 조리방법, 조리인력 등을 고려하여 주별 및 월별 식단을 작성하고, 급식 인원수에 따라 구매량을 결정하며, 검수 및 재고 관리 업무를 수행합니다.
- 급식시설·설비 및 기기 위생 점검·관리, 위생 교육 등의 위생 관리업무, 급식시설·설비의 안전 관리, 조리작업 계획, 배식 관리 등의 작업 관리와 함께 급식의 외관, 관능, 위생 등을 평가하는 검식을 수행합니다.

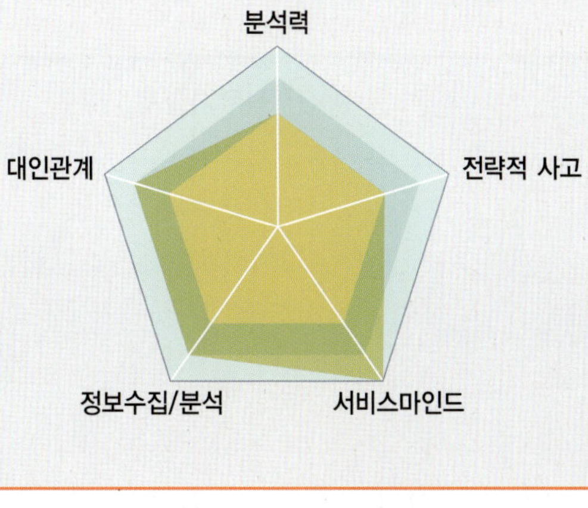

(2) 직무기술서

직무기술서 job description는 직무분석의 결과를 토대로 직무를 효율적으로 수행하기 위하여 직무 내용, 임무, 책임 등 **직무 중심의 정보를 기록한 문서**이다[그림 9-3]. 보다 상세하게 살펴보면, 직무기술서에는 직무명, 직무개요, 의무사항, 기계 및 장비, 작업환경 등이 있다.

(3) 직무명세서

직무명세서 job specification는 직무를 수행하기 위하여 종사자가 갖추어야 할 자격, 기술, 능력, 신체적 조건, 교육 정도 등의 **인적 요건을 기술해 놓은 문서**로 직무기술서와 함께 작성하기도 한다[그림 9-4].

직무기술서

가. **직무명**: 대학식당의 주 조리사

나. **직무내용**

주 조리사는 점심 메뉴를 준비하고 식사준비에 이용되는 식기 및 기기 등을 정리하고 식당을 위생적으로 관리한다.

다. **직무수행요건**

1. 책임감을 가지고 정해진 시간에 식사를 제공할 수 있어야 한다.
2. 조리 시 양에 대한 기본 원칙과 조리기구의 사용법을 숙지하고 있어야 한다.
3. 음식재료의 양을 정확히 사용하여 1인 분량의 양이 정확히 배식되도록 조리해야 한다.
4. 양질의 음식이 제공될 수 있도록 조리법을 표준화해야 한다.
5. 영양사의 관리 · 감독에 협조하며, 보조 조리원을 효율적으로 관리한다.

[그림 9-3] **직무기술서**

직무명세서

가. 직무명: 대학식당의 조리사

나. 직무수행요건

1. 성별: 단정하고 청결한 남 · 여
2. 학력: 중등교육 이상으로 글을 읽고 쓰고 이해할 수 있는 정도
3. 경력: 식당에서 6개월 이상 조리 경험
4. 신체조건: 기본 건강진단에 적합한 조건
5. 자격/면허: 조리사
6. 업무시간: 주5일, 오전 6:30~오후 3:00, 휴식시간은 점심시간 중 30분

다. 직무특성

1. 준비하는 음식량에 대한 기본적인 지식과 식단에 대한 이해가 필요하다.
2. 영양사의 지시에 따를 수 있는 능력과 작업일정을 계획할 수 있는 능력이 필요하다.
3. 직무환경은 약간의 위험 정도와 약간의 불쾌요소가 있을 수 있다.

[그림 9-4] 직무명세서

(4) 직무설계

직무설계 job design는 조직의 효율적인 업무수행을 위하여 직무수행자가 담당할 과업과 책임의 범위를 정하는 것이다. 과거에는 직무설계 시 직무를 중심으로 하고 사람을 맞추는 개념으로 생각하였으나, 현대에는 직무 중심에서 사람 중심으로 변화하고 있다. 직무수행자가 만족을 느낄 수 있도록 직무의 내용과 방법을 설계하여 조직의 목표달성뿐 아니라 개인의 욕구도 충족시킬 수 있도록 하는 것이 중요하다. 직무설계를 할 때에는 **직무수행자의 특성**(지식, 기술, 능력, 동기부여)과 **직무의 특성**(수행과업, 작업의 위치, 수행시간, 수행방법)을 고려해야 한다. 대표적인 직무설계 방법으로는 **직무단순화**, **직무순환**, **직무확대**가 있다[그림 9-5].

- **직무단순화** job simplification : 직무를 수행하는 절차 및 과정을 표준화함으로써 단순화시켜 전문화된 과업에 종사자를 배정시키고자 한다.
- **직무순환** job rotation : 종사자가 다양한 경험을 할 수 있도록 다른 직무를 순환하여 수행하도록 한다. 직무순환을 통하여 동일한 직무수행으로 인한 불만을 감소시킬 수 있다.
- **직무확대** job enlargement : 전문화된 단일한 직무를 수평적으로 확대하는 것으로 직무를 구성하고 있는 과업 수를 늘려 다양성을 높여서 종사자의 성과와 만족도를 높이고자 한다.

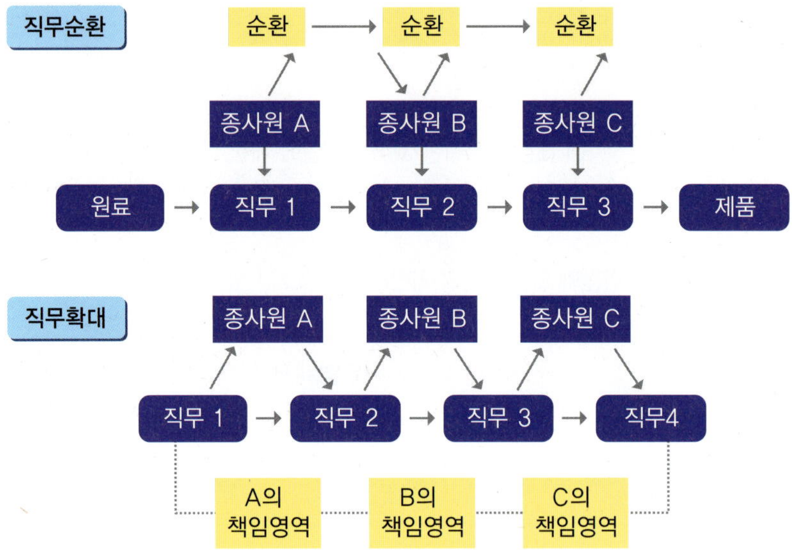

[그림 9-5] 직무설계 방법

한편, **허즈버그** Herzberg는 직무를 단순하게 순환하거나 확대함으로써 직무에 대한 성과와 만족도를 높이는 것은 한계가 있다고 주장하였다. 그는 단순하게 직무에 대한 경험이나 수를 늘리는 것이 아니라 직무를 수직적으로 확대하여 종사자에게 책임이나 권한을 부여하여 직무의 내용을 풍성하게 하는 **직무충실화** job enrichment를 주장하였다.

헤크만 Hackman은 허즈버그의 직무충실화를 발전시켜서 **직무설계이론** job characteristics theory을 주장하였다. **직무설계이론**은 **직무의 특성**, 즉 **기술의 다양성, 과업의 정체성, 과업의 중요성, 자율성, 피드백**의 다섯 가지 요소와 개별 종사자의 성장욕구 강도에 따라 결근율이 낮아지고 동기부여가 되며 결국에는 성과도 향상시킬 수 있다고 하였다.

- **기술의 다양성**: 종사자의 여러 가지 재능과 기술을 활용 가능할 정도로 직무가 다양하고 여러 가지 활동을 요구하는 정도
- **과업의 정체성**: 종사자가 직무를 수행하는 데 있어서 다른 과업들과 구별될 수 있도록 작업이 완성되는 정도
- **과업의 중요성**: 직무가 다른 종사자의 작업이나 그들의 직무에 실질적으로 영향을 미칠 수 있는 정도
- **자율성**: 종사자가 직무수행에 필요한 일정이나 방법 등을 결정하고 선택하는 데 있어서 부여되는 자료 및 재량권의 정도
- **피드백**: 직무가 요구하고 있는 수행결과에 대하여 종사자가 직접적이고 명확한 정보를 얻을 수 있는 정도

2) 인적자원 모집

모집 recruitment은 조직에서 필요한 인적자원을 확보하는 과정으로 관리자는 조직 내부에서 모집할지 외부에서 모집할지 결정해야 한다. **내부모집**은 조직 내부에서 인적자원을 충원하는 방법으로 **사내공모, 내부승진, 배치전환, 직무순환, 재고용, 재소환, 기능재고제도** 등을 통하여 내부 종사자를 채용한다. 최근에는 시간과 노력을 절약하기 위해 전산화된 인적자원정보시스템 human resource information systems ; HRIS을 활용하고 있다. 외부모집보다 비용이 저렴하고 종사자에게 동기부여가 되며 조직에 익숙한 종사자를 고용할 수 있다는 장점이 있다. 그러나 전문적인 지식과 기술을 가지고 있는 종사자 채용에는 적합하지 않으며 고용된 종사자로부터 새로운 아이디어를 얻기 어렵다. **외부모집**은 조직 외부에서 인적자원을 충원하는 방법으로 **구직광고**나 TV, 라디오, 신문, 잡지 등의 **언론매체**를 활용하거나 **헤드헌터**와 같은 전문기관에 의뢰하여 모집할 수 있다. 외부모집을 하면 새로운 정보와 지식을 얻을 수 있는 장점이 있지만, 시간과 비용이 소요되고 내부인력의 사기가 저하되는 단점이 있다[표 9-3].

표 9-3 내부모집과 외부모집의 장단점

	내부모집	외부모집
장점	• 비용이 절감됨 • 종사자에게 동기부여됨 • 장기근무에 대한 유인을 제공함 • 조직에 익숙한 종사자 고용이 쉬움 • 조직의 적응 기간을 단축할 수 있음	• 새로운 정보와 지식수집이 가능함 • 연쇄적 이동으로 인한 혼란을 방지할 수 있음 • 경력자 채용 시 교육훈련 비용을 절감할 수 있음
단점	• 고용된 종사자로부터 새로운 아이디어 도출 어려움 • 조직 내부 연쇄적 이동으로 인한 혼란이 발생할 수 있음 • 전문지식과 기술을 가지고 있는 종사자 채용에 한계가 있음	• 시간과 비용이 많이 소요됨 • 조직의 적응 기간이 소요됨 • 내부인력의 사기가 저하될 수 있음 • 적합하지 않은 종사자 채용의 위험성이 있음

3) 인적자원 선발

선발 selection은 적절한 인적자원을 모집 후에 이루어지는 과정으로 **지원서 및 서류 검토 → 이력 확인 → 면접 → 신체검사 → 고용 결정 → 선발 결정**의 과정을 거치면서 적절한 사람을 선별하는 과정이다[그림 9-6]. **인적자원 선발의 목표**는 조직에 필요한 적절한 인재를 뽑아 **적재적소에 배치**하는 것이다.

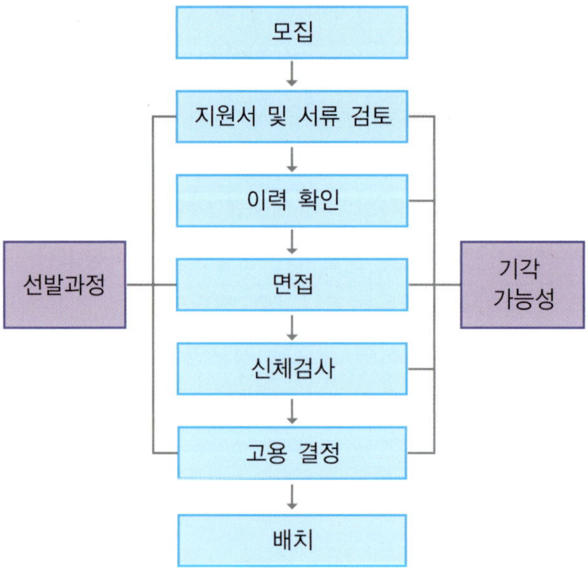

[그림 9-6] 종사자의 모집 및 선발과정의 단계

선발과정 중 면접의 중요성은 점점 커지고 있다. **면접**은 직무 후보자와 관리자가 특정한 목적을 가지고 실시하는 대화 또는 구두의 상호작용이다. 대표적으로 사용되는 면접 방법으로는 **구조화된 면접, 비구조화된 면접, 스트레스 면접, 패널 면접, 집단 면접** 등이 있다.

- **구조화된 면접:** 모든 직무 후보자에게 준비된 동일한 질문을 하는 방법이다.
- **비구조화된 면접:** 직무 후보자에게 최대한으로 의사표시의 자유를 주면서 폭넓은 정보를 수집하는 방법이다. 비구조화된 면접은 후보자 간의 비교가 어렵고 소요 시간이 길다는 단점이 있다.
- **스트레스 면접:** 직무 후보자에게 압박적인 질문이나 상황을 제시하여 좌절을 극복하고 인내심을 발휘하는 정도를 관찰하는 방법이다.
- **패널 면접:** 한 명의 직무 후보자를 여러 명의 관리자가 평가하는 방법으로 직무 후보자를 포괄적으로 면접할 수 있다.
- **집단 면접:** 여러 명의 직무 후보자를 여러 명의 관리자가 평가하는 방법으로 토론 면접 등이 가능하다.
- **프레젠테이션 면접:** 제시된 주제에 대하여 발표하는 방법이다.
- **블라인드 면접:** 직무 후보자의 사전자료 없이 실시하는 방법이다.

4) 인적자원 배치

배치 placement란 선발과정을 거쳐 입사한 종사자를 오리엔테이션이나 교육을 실시한 후 해당 직무에 배치하는 과정이다. 조직의 목표달성을 위하여 인적자원을 적재적소에 배치하는 것이 무엇보다 중요하므로 신중하게 결정해야 한다.

쉬어가기 대기업 면접 공통질문 91%는 '자기소개'

취업포털 잡코리아www.jobkorea.co.kr가 지난 하반기 30대그룹 계열사 122개 대기업의 면접질문 총 2,663건을 분석한 결과, 대부분의 기업이 면접에서 **'자기소개'**(91.0%)와 **'지원동기'**(68.9%)를 물었다. 자기소개의 경우 1분으로 시간을 한정하거나 전공과 관련해서, 또는 성격 위주로, 영어로 설명하기를 요구하는 등 표현방법은 다양했다. 지원 동기를 묻는 경우 전공과 다른 분야로 지원한 이유 및 해당 직무로 지원한 이유 등 구체적인 동기를 묻는 사례가 많았다.

그 외 면접질문으로는 마지막으로 하고 싶은 말(45.1%), 본인의 장단점(21.1%), 전공·부전공이 다른 분야에 취업하려는 이유(19.7%), 학교성적이 높거나 낮은 이유와 관리방법(15.6%), 취미(13.9%), 살아가면서 가장 어려웠던 점과 극복한 방법(12.3%), 우리 회사가 당신을 뽑아야 하는 이유(10.7%) 등이 있었다.

특히 면접유형별로 질문유형이 달랐다.

토론 면접에서는 그간 자주 등장했던 주제는 줄었고, 업계의 최근 관심사나 시사성 있는 사회적 이슈가 많이 등장했다. 실제 분양가 상한제 폐지 논란에 대한 찬반, 아나운서의 예능프로 출연에 대한 찬반, 산업체와 일반가정 간에 전기세 차등인상 관련 찬반, 학교 체벌 금지에 관한 찬반, 약국 외 약품 판매, 군납급식개선책 등의 주제가 있었다.

프레젠테이션 면접에서는 전공 지식이나 상식, 사회변화가 지원 회사에 미치는 영향과 향후 나아갈 방향에 대한 주제가 많았다. 실제 아파트 분양가 관련, 유럽 위기가 회사에 끼칠 수 있는 영향, 한식의 세계화, 모바일카드시장 성장에 따른 우리 회사의 전략, 우리 회사가 새로 진출할 사업 분야, 최근 환율변동이 회사에 끼칠 수 있는 영향과 해결방안 등이 있었다.

영어 면접에서는 지원 동기나 일상생활이나 개인적인 관심사에 대한 질문이 많았다. 자기소개 및 지원동기 외에도 현재 느낌, 우리나라에 거주하는 해외인력에 대한 생각, 가족과의 식사 빈도, 존경하는 사람, 해외 경험, 좋아하는 것 등의 질문이 있었다.

황당·압박 면접 질문으로는 본인이 생각하는 삼국지에서의 영웅, 오늘 야구는 누가 이길 것 같은가, 10억이 생긴다면 어떻게 사용하겠는가, 택배가 배달되었는데 물건의 발신처가 거래처나 경쟁회사라면 열어 보겠는가(물건은 무엇인지 모른다), 회사사정이 어려워져 월급을 못 준다면 어떻게 하겠는가, 밤에 치한을 만난다면 어떻게 대처할 것인가 등이 등장했다.

3. 인적자원 개발

인적자원을 선발하고 난 후 종사자의 **지식** knowledge, **기술** skills, **능력** abilities을 발휘하도록 **교육훈련**하고 **개발**하는 것이 필요하다. **교육** education은 일반적인 능력을 증진시키기 위하여 직무와 관련된 지식을 습득하는 것이고, **훈련** training은 특정 직무를 수행하는 데 필요한 기술 또는 해당 직무에서 요구하는 자격을 구비하고자 능력을 증진시키는 것을 말한다. 교육훈련은 일반적으로 종사자의 현재 직무에 중점을 두고 실시하지만 **개발** development은 성장이나 발전 가능성에 중점을 두고 실시한다. 교육훈련은 수행되는 장소와 교육 대상에 따라 분류된다.

1) 교육훈련의 분류

교육을 실시하는 장소에 따라서 **직장 내 훈련** on-the-job training과 **직장 외 훈련** off-the-job training으로 분류하며, 교육을 받는 대상에 따라서 **신입사원 교육훈련**과 **현직자 교육훈련**으로 구분된다.

장소에 따른 분류

- **직장 내 훈련: 종사자가 직장 내부에서 숙련된 상사에게 실제적인 직무와 관련된 기술이나 지식을 습득하는 방법**이다. 예를 들면 직무 수행에 필요한 기계 및 기구 사용, 급식관리 프로그램 컴퓨터 활용 등에 대한 내용이 해당될 수 있다.
  소요비용이 적으며 교육훈련달성 중 상사와 유대관계를 형성할 수 있다는 장점이 있다. 그러나 대규모의 교육훈련에서는 실시하기 어렵다.
- **직장 외 훈련: 종사자가 전문교육기관이나 연수원 등 직장 외부에서 교육훈련을 하는 방법으로 전문적인 교육훈련을 받을 수 있다**는 장점이 있다. 그러나 소요되는 시간이 길고 경제적인 부담이 크다.

교육대상에 따른 분류

- **신입사원 교육훈련:** 조직에 처음 입사한 종사자를 대상으로 조직의 운영방침, 비전, 업무에 대한 기본적인 요건 및 근무자세 등에 대한 **기초직무훈련(오리엔테이션)**과 실제적인 업무수행을 위한 실무훈련을 실시한다. 기초직무훈련은 오리엔테이션이라고도 한다.
- **현직자 교육훈련: 현재 근무하는 종사자나 관리자를 대상으로 실시하는 교육훈련**이다. 조리원이나 일반 종사자는 새로운 기술이나 지식을 습득할 수 있는 교육훈련을 실시하고, 관리자는 의사결정능력이나 리더십 함양 등에 대한 교육훈련을 하는 경우가 많다.

2) 교육훈련의 방법

종사자의 교육훈련 방법은 교육훈련의 목적과 대상자에 따라 달라져야 한다. 일반적인 **교육훈련 방법**으로는 **강의법, 세미나법, 프로그램학습법, 사례연구, 역할연기, 시뮬레이션**이 있다. 이외에도 관리자를 대상으로 하는 교육훈련 방법으로 **감수성훈련, 경영게임, 서류함기법, 코칭법** 등이 있다[표 9-4].

표 9-4 교육훈련의 방법

교육대상	교육훈련 방법	내용
종사자	강의법 Lecture	• 가장 많이 이용되는 교육훈련 방법으로 다수의 종사자에게 동시에 교육하는 방법 • 장점: 비용이 저렴하고 다수에게 교육훈련이 가능함 • 단점: 일방적인 의사소통으로 진행되므로 전달력이 떨어지며 피드백이나 연습할 수 있는 기회가 적으며, 훈련의 전이효과가 낮음
	세미나법 Seminar	• 토론과정을 거치면서 진행하는 방법으로 강의법과 혼용하여 사용하면 효과가 큼 • 장점: 양방향의 의사소통이 이루어지기 때문에 종사자가 적극적으로 훈련에 참여함 • 단점: 해당 분야의 전문지식이 없을 경우 활용하기 어려우며, 상대적으로 많은 시간이 소요됨
	프로그램학습법 Programmed instruction	• 훈련하는 사람 없이 종사자가 자율적으로 학습도구를 이용하여 학습하는 방법으로 **자기학습**이라고도 함
	역할연기 Role playing	• 단순하게 사례를 해결하는 단계에서 그치는 것이 아니라 문제 상황에서 실제의 행동으로 연기하게 하는 방법 • 인간관계 훈련에서 주로 이용이 됨 • 장점: 다른 사람의 역할연기를 통하여 행동을 따라하거나 모델링하는 효과가 있음, 또한 다른 상황에 있는 사람에 대한 이해력의 폭이 넓어짐 • 단점: 다른 교육훈련과 함께 진행되어야 효과적임
	시뮬레이션 Simulation	• 복잡한 과정을 이해하기 쉽게 모형화하고 모형을 이용하여 모의실험을 통하여 실제 상황을 이해하고 해석하는 방법
	감수성훈련 Sensitivity training	• 지식의 단순한 전달보다는 인간성 개발을 통한 행동의 변화에 중점을 두고 있는 방법 • 다른 사람에 대한 감수성을 증가시켜 인간관계의 기술을 향상하고 다른 사람에 대한 분노의 표현 방법을 개선하기 위하여 시작됨

교육대상	교육훈련 방법	내용
관리자	경영게임 Business game	• 컴퓨터 시뮬레이션 게임을 통하여 관리자 자신의 입장에서 교육훈련하는 방법
	사례연구 Case method	• 조직에서 발생되는 문제를 해결하기 위하여 실시하는 방법 • 장점: 문제해결능력과 의사결정능력을 발전시킬 수 있음 • 단점: 시간이 많이 소요되며, 이론이나 원리에 대한 체계적인 학습은 한계가 있음
	서류함기법 In-basket Training	• 서류함이 구비되어 있는 사무실에서 혼자 서류와 메모들을 검토하면서 일처리 내용을 기록하는 방법 • 일반적으로 15~20개의 서류가 제공된다. • 장점: 정해진 시간 안에 빠르게 의사결정을 할 수 있음 • 단점: 교육훈련의 효과를 측정하는데 어려움

4. 인적자원 보상

보상 compensation이란 종사자가 조직에서 직무에 임한 것에 대한 대가로 지불되는 금전적 또는 비금전적인 대가를 의미하며, 보상은 종사자에게 동기부여하고 만족도를 높이기 위한 중요한 요소이다. 종사자에게 적절한 보상이 이루어지려면 우선적으로 직무평가가 실시되어야 한다. **직무평가**는 조직의 기본임금과 **적절한 임금구조** 등을 마련하기 위하여 실시된다. 보상의 종류로는 **금전적 보상**과 **비금전적 보상**이 있다.

1) 직무평가

직무평가는 직무의 가치를 평가하는 것으로 직무의 중요도와 공헌도를 적절하게 평가하는 것이 중요하다. 직무평가의 목적은 **임금구조**를 합리적으로 하는 데 있다. **기술** skill, **노력** effort, **책임** responsibility, **작업조건** working condition**의 평가요소**를 사용하여 종사자의 직무를 평가한다. 직무평가는 일반적으로 **직무분석 → 평가요소 선정 → 분석방법 적용 → 임금결정** 단계로 진행된다[그림 9-7]. 직무평가는 직무기술서와 직무명세서를 바탕으로 평가하며 직무평가의 방법으로는 **서열법, 분류법, 점수법, 요소비교법** 등이 있다[표 9-5].

직무평가 요소

- **기술:** 신체 및 지적 기술
- **노력:** 육체적 및 정신적 노력
- **책임:** 대인적 및 대물적 책임
- **작업조건:** 위험도 및 불쾌도

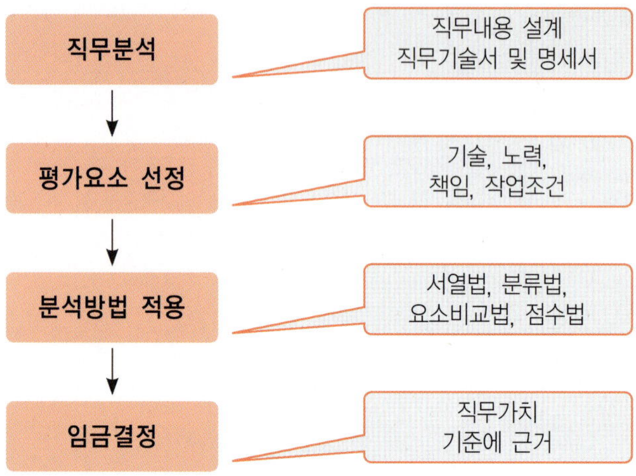

[그림 9-7] 직무평가의 단계

2) 보상의 종류

보상의 종류로는 임금, 복리후생 등의 **경제적 보상**[표 9-6]과 **직무에 관련된 교육훈련 제공, 승진 기회 제공, 인정 등의 비경제적 보상**이 있다. 과거에는 보상 중에서 임금관리 중요성만을 강조하였으나 현재에는 복리후생과 비경제적 보상에 대한 관리도 중요하게 여겨지고 있다.

표 9-5 직무평가의 방법

구분	직무평가방법	내용
비계량적 평가	서열법 Ranking method	• 직무들 간에 서열을 매기는 방법 • 장점: 간단하고 빠르게 직무를 평가할 수 있음 • 단점: 평가방법이 주관적이고 직무 수가 많을 경우 이용하기 어려움
	분류법 Job classification method	• 직무의 등급기준표를 작성하여 기준에 따라 직무를 평가하는 방법 • 장점: 비교적 간단하고 이해하기 쉬움 • 단점: 직무의 등급 분류가 부정확하면 평가하기 어려움
계량적 평가	점수법 Point rating method	• 직무에 공통적으로 적용될 수 있는 평가요소를 선정하고 **중요성에 따라 점수를 부여하여 임금비율을 평가하는 방법** • 장점: 상대적인 차이를 정할 수 있으며 이해하기 쉬움 • 단점: 평가요소의 선정과 중요성 결정 시 평가자의 주관적인 판단이 개입될 수 있음
	요소비교법 Factor comparison method	• 직무를 주요한 몇 개의 대표직무로 나누고 평가하고자 하는 직무를 요소별로 구분하여 직무의 중요도를 대표직무와 비교하여 결정하는 방법 • 장점: **평가기준이 금액의 단위로 표시**되기 때문에 임금 산출 시 별도의 작업을 하지 않아도 되며, 평가기준이 구체적이고 비교가 쉬움 • 단점: 대표직무를 선정하는 것이 어려움

표 9-6 경제적 보상의 종류

보상의 종류			내용
임금	기준 임금	기본급	• 기본급 결정기준에 따라 연공급, 직무급, 직능급, 성과급으로 분류 – **연공급**: 근무연수에 비례하여 임금을 산정하는 방법 – **직무급**: 직무에 따라 임금을 산정하는 방법으로 일의 난이도에 따라 차이가 남 – **직능급**: 직무수행능력에 따라 산정하는 방법 – **성과급**: 종사자의 성과에 따라 임금을 산정하는 방법 • 임금 중 가장 중요한 항목으로 상여금과 퇴직금 산정의 기준이 되는 임금
		부가급	• 정상근무수당: 직무수당, 안전수당, 교통수당 등
	기준 외 임금		• 특별근무수당: 연장근로수당, 휴일근로 수당 등
	상여금		• 기본급과 부가급 이외의 별도로 지급되는 보너스, 인센티브
	퇴직금		• 일정기간 이상 근무한 종사자가 퇴직할 때 지급하는 임금
복리후생	법정 복리후생		• 기업이 의무적으로 종사자와 그의 가족에게 제공해야 하는 복리후생으로 의료보험, 연금보험, 산재보험, 고용보험이 해당
	비법정 복리후생		• 기업이 자발적으로 제공하는 복리후생으로 경제적 복리후생(교육비지원, 주택 대여), 보건위생 복리후생(질병 치료 및 예방을 위한 제도 및 시설 제공) 등이 해당

쉬어가기 기업들 학비-보험료지원 등 사내 복지 업그레이드

"열심히 일한 당신, 여가비 · 자기 개발비 등을 타 가라."

기업들이 최근 사내 복리후생 제도를 대폭 '업그레이드'하고 있다. 포스코는 직원들이 학원 수강이나 스포츠시설 이용 등 자신이 원하는 복리후생 항목을 마음대로 고르는 '카페테리아' 방식의 복리후생 제도를 도입했다. 포스코의 직원들은 앞으로 우리카드와 제휴한 신용카드 '포스코 복지카드'를 이용해 연간 49만 원(상주 근무자기준)까지 쓸 수 있다.

엘리베이터 제조업체인 LG오티스는 사내 장학제도를 운영하며 대학원에 진학하는 직원에게 등록금은 물론 교재 구입비까지 전액 회사에서 지원하고 있다. 대학원 졸업학점에 따라 미국 본사의 주식을 50~100주씩 나눠주기도 한다.

전산시스템 개발업체인 한국알카텔은 직원들의 자기 개발지원항목에 외국어학원 수강료는 물론이고 영화 감상비, 댄스강습비까지 포함시켰다.

돈을 직접 주지는 않지만 직원들이 입원이나 수술 때 다양한 보험 혜택을 받을 수 있도록 직원들을 위해 각종 보험을 회사가 대신 들어 주는 경우도 늘고 있다. 안전진단 전문업체인 승화이엔씨는 국민연금, 의료보험 등 4대 보험 이외에도 전 직원을 상대로 개인 명의의 민간상해보험을 가입해 주고 있다. 전산업체인 라이거시스템즈도 전액 회사 부담으로 전 직원들을 보장성 생명보험에 가입시켜 준다.

LG오티스 김대현 인사팀장은 "올해는 인재 확보가 키워드였지만 내년엔 인재 관리가 경영 키워드로 떠오를 것"이라며 "우수 인재에게 아무리 높은 연봉을 줘도 다닐 만한 직장으로 만들지 못하면 '밑 빠진 독에 물 붓기'가 될 수 있다"고 말했다.

기업들이 복리후생을 강화하면서 이를 대신하는 외부대행(아웃소싱) 업체들도 성업 중이다. e-제너두는 BAT코리아, 맥도널드 등 외국 기업을 중심으로 복리후생 서비스를 대행해 주고 있다. 기업체의 복리후생 항목을 조정하고 이와 관련한 기업의 비용을 효율적으로 관리해 준다. 한편 하이에치알은 기업의 복리후생 제도를 진단하고 컨설팅해 준다. 한국외국기업협회는 '외국기업 인적자원관리지원센터(HRMC)'를 설립해 종사자 100명 미만인 회원사들의 복지후생 제도를 위탁 · 관리한다.

복리후생제도의 업그레이드는 인사관리의 전산화와도 무관하지 않다. 포스코 김상수 노무후생지원실장은 "점차 인사 급여 등 각종 직원관리 업무가 전산화되면서 복리후생 제도를 더욱 효율적으로 운영할 수 있게 됐다"며 "무엇보다 내부 고객의 만족도가 생산성에 직결된다는 생각이 경영층에 자리 잡았기 때문"이라고 말했다.

3) 임금수준의 결정 요인

기업에서의 임금수준을 결정하는 것은 직무나 상황의 다양성으로 인하여 복잡하고 어렵다. 임금은 종사자의 근로의욕 향상과 동기부여에 영향을 미치므로 기업에서는 적절하게 임금수준을 결정하는 것이 필요하다. 종사자의 입장에서 임금은 높으면 높을수록 좋겠지만, 기업의 입장에서는 재무상태, 직원역량, 노동시장의 상태 등 내·외적 요인들을 고려하여 임금수준을 결정한다.

표 9-7 임금수준의 결정요인

임금수준 결정 요인	내용
내적 요인	기업의 재무상태, 직무가치, 직원역량
외적 요인	종사자 수요와 공급 상황, 지리적 조건, 노동시장 상태, 생계비, 법적 사항

쉬어가기 기업의 복리후생 사례

아워홈은 임직원들의 복지 생활을 지원하기 위해 다양한 복리후생제도를 운영하고 있다.

- **카페테리아식 복리후생제도**
  자기계발, 체력 단련, 문화생활, 여행 등에 사용가능한 카페테리아식 복리후생제도를 운영하고 있습니다. 직원들은 보너스 포인트를 자유롭게 관리하고 각자의 필요에 따라 선택해서 포인트 사용
- **학자금지원**
  전임직원을 대상으로 자녀 2인에 한해 중 · 고 학자금 전액과 대학 등록금의 100% 지원
- **휴양소 운영**
  아워홈 가족들이 편안하고 재충전의 시간을 보낼 수 있도록 유명 콘도 이용권을 확보하여 임직원들이 워크숍이나 휴가 시에 여유있게 사용할 수 있도록 지원
- **4대보험**
  고용보험, 건강보험, 국민연금, 산재보험
- **교육비지원**
  사외 어학교육비지원, 다양한 사이버교육 프로그램 제공
- **휴가제도**
  연차휴가, 연중휴가, 경조휴가지원
- **선물 지급**
  명절(설, 추석) 및 창립기념일 선물 제공
- **주택자금 융자**
  사원들이 내 집 마련으로 안정된 직장생활을 할 수 있도록 주택 매입, 임차 시 필요한 자금을 시중금리보다 낮은 금리로 지원
- **경조사지원**
  본인 및 가족의 결혼, 회갑, 사망 등 경조사 발생 시 사규에 의하여 경조금, 화환 또는 조화, 경조 휴가 부여
- **건강 진단 및 의료비지원**
  매년 임직원의 건강 관리를 위해 권위 있는 종합병원에서 정밀한 건강검진 실시, 건강검진 후 결과에 따라 상담 및 관리지원, 업무 외 질병인 경우에도 본인의 의료비를 지원하여 안정적인 직장생활을 할 수 있도록 배려

5. 인적자원 유지

인적자원 유지는 유능한 종사자가 계속적으로 일정수준 이상의 기술, 능력, 지식 등을 유지할 수 있도록 관리하는 과정으로 **인사고과**performance appraisal, **인사이동**이 있다.

1) 인사고과

인사고과는 종사자의 능력, 근무태도 및 성격을 평가하는 것을 제도화한 것으로 상벌결정, 종사자 적재적소 배치, 인력개발, 피드백, 기능재고 목록 개발, 모집 및 선발의 타당성 검토의 목적으로 실시된다. 과거의 인사고과는 일반적으로 상급자가 하급자를 평가하였으나 최근에는 **자기평가**, **동료평가**, **상향평가**, **고객평가** 등으로 인사고과자가 다양해졌다.

- **자기평가**: 스스로 평가하는 방법으로 자신의 능력이나 요구사항을 적어서 보고한다.
- **동료평가**: 동료가 서로를 평가한다.
- **상향평가**: 하급자가 상급자를 평가하는 방법이다.
- **고객평가**: 서비스 업무에 주로 활용되는 평가로 고객이 종사자를 평가하는 방법이다.
- **360도 다면평가**: 상급자뿐 아니라 동료, 고객, 하급자 등 여러 사람이 다양한 각도에서 평가하는 방법이다.

인사고과의 진행 단계는 목적에 따라서 변경될 수 있지만, 일반적으로 **인사고과 제도의 설계 → 성과자료 수집 → 성과 평가 → 고과 면접 → 최종 평가**의 단계로 진행된다[그림 9-8].

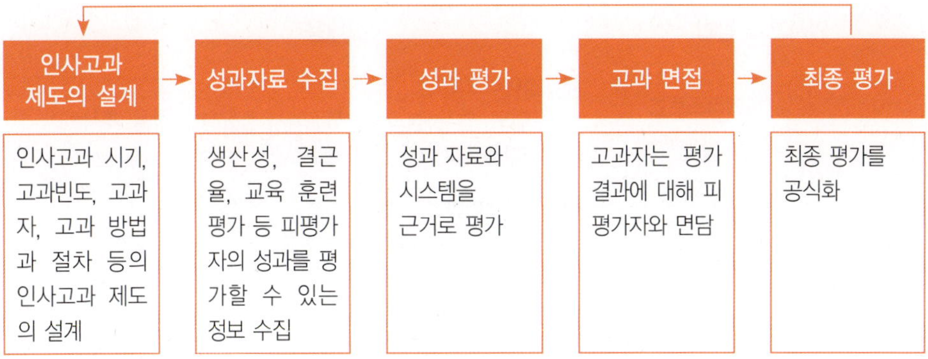

[그림 9-8] **인사고과의 단계**

인사고과 방법으로는 상대적 서열을 정하는 **상대적 인사고과 방법**과 개인별로 우열을 평가하는 **절대적 인사고과 방법**이 있다[표 9-8, 그림 9-9]. 한편 인사고과 시 체계적인 시스템이 갖추어져 있지 않으면 현혹효과, 중심화 경향, 관대화 경향 등과 같은 평가 오류를 범할 수 있으므로 주의해야 한다[표 9-9].

표 9-8 인사고과 방법

인사고과 방법		내용
상대적 인사고과 방법	서열법	• 종사자 간의 직무수행력을 1, 2, 3 등의 순위로 평가하는 방법
	상호서열법	• 직무수행력이 가장 우수한 사람과 가장 열등한 사람을 뽑은 후 나머지 사람 중에서 다시 가장 우수한 사람, 열등한 사람을 뽑아서 순위를 평가하는 방법
	짝비교법	• 무작위로 두 명씩 짝을 지어 서로 비교하면서 순위를 정하는 방법
	강제할당법	• 고과자의 엄격함이나 관대함에서 오는 오류를 피할 수 있음 • 분포에 따라 강제로 인원을 할당하여 서열을 정하여 평가하는 방법

<table>
<tr><th colspan="2">인사고과 방법</th><th>내용</th></tr>
<tr><td rowspan="6">절대적 인사고과 방법</td><td>체크리스트법
Checklist method</td><td>• 대조법이라고도 함
• 근무 태도, 업무 성과 등 직무에서 중요한 사항을 제시하여 수행여부를 평가하는 방법</td></tr>
<tr><td>도식척도법
Graphical rating scales</td><td>• 평정척도법이라고도 함
• 종사자의 특성을 항목별로 점수화하여 평가하는 방법
• 계량화된 결과를 얻을 수 있으며 중요도에 따라 가중치 부여 가능함</td></tr>
<tr><td>중요사건 기술법
Critical incident method</td><td>• 직무수행력과 관련된 중요한 사건을 기록하여 종사자의 근무태도나 업무능력을 평가하는 방법</td></tr>
<tr><td>자유서술법
Essay method</td><td>• 질적인 자료를 제공해 주므로 승진 등의 의사결정 시 활용이 어려움
• 주어진 평가 요소에 따라 자유롭게 서술하는 방법으로 가장 단순한 방법</td></tr>
<tr><td>자기신고법
Self-description method</td><td>• 종사자 자신의 업적, 능력, 특성 등을 자유롭게 기술하는 방법</td></tr>
<tr><td>인적평정 센터법
Human assessment center ; hac</td><td>• 센터에서 합숙을 통하여 잠재능력, 자질 등을 평가하는 방법
• 중간관리층을 최고경영층으로 승진시키려는 목적으로 개발된 평가법</td></tr>
</table>

서열법의 예

종사자	a 평가자	b 평가자	c 평가자	평균	서열
A	1	1	2	1.3	1
B	5	4	5	4.7	5
C	2	2	1	1.7	2
D	4	5	4	4.3	4
E	3	3	3	3.0	3

짝비교법의 예

짝비교표	비교집계표		
종사자 비교	종사자	체크횟수	서열
[A] B	A	2	2
A [C]	B	0	4
[A] D	C	3	1
B [C]	D	1	3
B [D]			
[C] D			

체크리스트의 예

항목	가	부
기술력 창의력		
조직 헌신성		
반응성		

도식척도법의 예

평가요소		점수										계
숙련정도	점수체크	1	2	3	4	5	6	7	8	9	10	
	기술력							✓				7
	작업속도									✓		9
	창의력									✓		9

[그림 9-9] 인사고과 방법의 예

표 9-9 인사고과 평가 오류

평가 오류	내용
현혹효과	• 호의적이나 비호의적인 요소가 다른 분야에 영향을 주는 경향 • 지각을 하는 조리원을 평가할 때 조리 실력도 좋지 않을 것이라고 평가하는 경향
중심화 경향	• 평가자가 너무 좋은 점수나 나쁜 점수보다는 중간 점수로 평가하려는 경향
관대화 경향	• 종사자의 실제적인 수행력보다 높게 평가하려는 경향
상동적 태도 (편견)	• 피고과자의 성별, 혈연, 지연 등의 요소에 의해 선입관을 가지고 평가 • 예를 들어 남자 종사자가 여자 종사자보다 잠재능력이 높다는 편견을 가질 수 있음
평가표준의 차이	• 평가척도에 기술되어 있는 용어의 해석에서 오는 오류 • 평가자에 따라 우수, 보통, 미흡 등 평가척도에 사용되는 용어의 해석에 차이
논리오차	• 종사자의 숙련도가 높으면 작업성과가 클 것이라고 평가 • 두 평가요소 간에 논리적인 상관관계가 있을 경우 두 요소 중 하나의 요소가 다른 요소에 영향을 미치는 오류
유사성 오류	• 일을 잘하는 사람과 비슷한 성향을 가진 사람은 일을 잘할 것이라고 평가 • 평가자가 종사자를 평가할 때 자신이 지각하는 수준에 근거하여 종사자를 평가하는 방법
시간적 오류	• 전체 평가기간의 실적으로 종사자를 평가하는 것이 아니라 최근의 실적을 중심으로 평가하여 발생하는 오류
대비 오류	• 평가 순서에 의해서 발생하는 오류 • 예를 들어 잘하는 종사자 다음에 평가를 받으면 보통 점수 이하의 낮은 평가를 받게 될 수 있음

2) 인사이동

인사이동은 변화하는 조직의 환경 속에서 효율적인 업무를 수행하기 위하여 필요하며, 인사이동의 종류에는 **전직, 승진, 좌천, 이직, 징계**가 있다[표 9-10]. 종사자는 보상뿐 아니라 인사이동에 높은 관심을 가지고 있으므로 공정하게 인사이동을 하는 것이 필요하다.

표 9-10 인사이동의 종류

인사이동	내용
전직 Transfer	• 전근 • 조직 내 유사한 다른 부서로 수평이동하는 것으로 직무의 내용이나 책임의 변화가 적다.
승진 Promotion	• 조직에서 상위 수준의 직위로 수직상향하는 것 • 직무의 책임이 확대되고 물질적인 보상이 증가
좌천 Demotion	• 현재보다 낮은 직위로 이동
이직 Separation	• 고용이 종료되는 것을 의미 • **자발적 이직(사직, 휴직)과 비자발적 이직(해고, 정년퇴직, 레이오프)**으로 구분 – 사직: 자발적으로 조직을 떠나는 것 – 휴직: 병가 등 특정 사유에 의하여 일정 기간 동안 직무를 수행하지 않는 것 – 해고: 고용주가 종사자의 고용 계약을 해제하는 것으로 종사자에 대한 징계의 일환으로 발생함 – 정년퇴직: 단체협약 규정과 취업규칙 등에 명시된 일정 연령이 되면 노동 계약에 의해 조직을 떠나게 되는 것 – 레이오프: 조직의 사정에 의하여 일시적으로 해고되는 것으로 조직이 경영 부진으로 인원을 줄여야 될 경우 발생함
징계 Discipline action	• 조직의 정책이나 규칙을 준수하지 않았거나 일반적인 행동에 벗어날 때 제재를 가하는 것

6. 노사관계 관리

경영자에게 조직의 목표달성을 위한 계획수립, 조직화, 지휘, 조정, 통제기능 수행에 필요한 경영권이 보장되어 있는 것처럼 노동자에게도 그들의 권익 보호를 위한 **노동 3권**인 **단결권, 단체교섭권, 단체행동권**이 있다. 기업주와 노동자 사이의 대립적 이해관계를 조정하고 협력적 노사관계로 발전시키기 위해 끊임없이 대화하고 협의하여 교섭을 진행해야 한다.

1) 노사관계

(1) 노사관계의 정의

노사관계란 기업경영에 필요한 노동력의 수요와 공급 관계에서 노동력의 수요측 employer(사용자, 사용단체)과 공급측 employee(노동자, 노동단체, 노동조합) 사이의 상호관계를 의미한다. 노사관계는 동반자적 협력관계인 동시에 임금 등 노동조건 결정과정에서 상호 입장이 상반되는 대립관계이다. 이것을 노사관계의 이중성 또는 양면성이라 한다.

(2) 노사관계의 발전과정

산업혁명 이후 오늘날까지 각국에서 추진된 산업화과정을 배경으로 노사관계의 형태는 시대와 사회에 따라 일관적이고 독특한 형태로 발전되어 왔고, **전제적, 온정적, 근대적(완화적), 민주적** 노사관계가 있다[표 9-11].

표 9-11 노사관계의 발전과정

노사관계의 발전과정	내용
전제적 노사관계	자본주의 초기 기업은 소유자가 직접 경영하였으므로 명령과 종사자의 절대 복종이라는 예속적 관계 유지
온정적 노사관계	정착노동의 확대로 노동자의 협조를 얻고자 기업의 소유자는 종사자의 주택, 의료, 후생시설을 제공하는 가부장적 온정주의로 바뀌게 됨
근대적(완화적) 노사관계	자본과 경영의 분리로 기업 소유자의 전제적 성향을 완화시키고 경영자는 종사자의 요구를 일부 수용하는 관계에 이르게 됨
민주적 노사관계	단체교섭과정은 전문 경영자의 영입, 기업규모의 확대, 기계화, 미숙련 노동자의 대거 채용 등의 기업문제가 대중 문제로 인식되었으며 자연스럽게 노사는 대등한 사회적 지위를 인정받게 되는 산업민주주의 이념을 형성하게 됨

2) 노동조합

(1) 노동조합의 정의

우리나라의 '노동조합법 및 노동관계조정법(법률 제5310호)' 에 나타난 **노동조합**의 정의는 '종사자가 주체가 되어 자주적으로 단결하여 근로조건의 유지·개선과 종사자의 복지증진, 기타 경제적·사회적 지위의 향상을 목적으로 조직하는 단체 또는 연합단체' 를 말한다.

(2) 노동조합의 기능

노동조합이 목표를 달성하기 위해 수행하는 기능은 **경제적, 공제적, 정치적** 기능으로 분류할 수 있다[표 9-12].

표 9-12 노동조합의 기능에 따른 내용 및 분류

노동조합의 기능	내용 및 분류	
경제적 기능	• 노동자들이 자신의 이해를 위하여 단체교섭, 경영참가, 노동쟁의를 통하여 수행하는 교섭기능	
	단체교섭	• 노동조합이 조합원을 대표하여 조합원의 노동력을 가능한 한 좋은 조건으로 판매하기 위해 사용자와 교섭을 행함 • 임금 및 작업조건, 근로시간 및 근로조건 등에 관한 단체협약 체결 • 기업별교섭, 공동교섭, 통일교섭 등
	경영참가 제도	• 노동조합이 경영상의 문제(경영방침, 경영조직, 생산설계 등)에 관한 의사결정에 참여하여 영향력을 행사하는 제도 • 종사자의 이익 유지 및 개선, 경영의 민주화, 협력체제 강화에 따른 노사 분쟁의 해소효과 • 의사결정 참여, 자본 참여(종사자 지주제), 이익 참여(보너스 형태 배분)
	노동쟁의 조정제도	• 노동조합과 사용자 또는 사용단체 간에 임금, 근로시간, 복지, 해고 기타 대우 등 근로조건 결정에 관한 주장의 불일치로 인하여 발생한 분쟁상태를 말함(노동조합법 제2조 제5항) • 정부가 개입하여 해결하도록 조력 • 파업 strike(일을 하지 않음), 피케팅 picketing, 태업 sabotage(작업의 능률을 고의적으로 떨어뜨리는 행위), 불매동맹 boycott 등의 쟁의 행위가 있음 • 기업의 행위로는 공장 폐쇄 lock-out가 있음

노동조합의 기능	내용 및 분류
공제적 기능	• 노동조합의 조합원이 질병, 재해, 실업, 노령, 사망 등으로 인하여 노동력이 상실되었을 때 조합이 마련한 기금을 이용하여 조합원에 도움을 줌으로써 상호부조하는 것
정치적 기능	• 국가나 사회단체를 대상으로 노동조합이 노동관계법의 제정 및 개정, 근로시간 등을 효율적으로 조정하는 역할을 담당

(3) 노동조합의 형태

노동조합의 형태는 조합의 가입범위 및 가입조건에 따라 직종별, 산업별, 일반, 기업별 노동조합으로 분류할 수 있다[표 9-13].

표 9-13 노동조합의 형태에 따른 내용 및 가입자격

노동조합의 형태	내용 및 가입자격
직종별 노동조합 Craft union	• 동일 직종 또는 직업에 종사하는 노동자들이 그들의 경제적 이익을 확보하기 위하여 결속한 노동조합(예: 인쇄공조합, 선반공조합, 목공조합 등) • 가장 오래된 노동조합
산업별 노동조합 Industrial union	• 직업 · 계층과 관계없이 동일 산업에 종사하는 모든 노동자가 하나의 노동조합을 구성하는 것(예: 섬유산업, 철강산업 등) • 현대 노동조합의 대표적인 조직형태 • 기업소유자에 대한 교섭력이 가장 강한 특징
일반 노동조합 General trade union	• 한 개 또는 수 개의 산업에 걸쳐 퍼져 있는 모든 노동자들이 폭넓게 규합하는 노동조합의 형태 • 동일 지역 내 중소기업 노동자들 중심으로 결성
기업별 노동조합 company union	• 동일 기업 내에 종사하는 노동자에 의해 조직되는 노동조합의 형태 • 기업별로 따로 결성 • 노동시장에 대한 지배력과 조직 내 역량이 취약한 형태

(4) 노동조합의 가입 방식

노동조합은 조합원을 확보하고 자본을 조달하여 조직을 강화하고 조합의 안정을 유지하기 위해 **클로즈드숍, 오픈숍, 유니언숍** 제도와 같은 가입방식을 활용한다[표 9-14].

표 9-14 노동조합의 가입 방식

가입 방식	내용
클로즈드숍 제도 Closed shop	• 강력한 교섭력을 가짐 • **미국의 경우, 산업별 노조의 발달과 함께 클로즈드숍 제도를 채택함** • 종사자의 채용과 해고는 모두 노동조합의 통제에 의해 이루어짐 • 노동조합에 가입한 조합원만을 종사자로 채용하고 채용된 종사자라도 조합원의 자격을 상실하면 종사자가 될 수 없도록 하는 제도
오픈숍 제도 Open shop	• 노동조합의 교섭력이 약함 • 사용자에게 고용의 자유를 보장해준 제도 • 노동조합의 가입여부에 상관없이 종사자로 채용할 수 있는 제도 • **우리나라의 경우, 오픈숍 제도를 원칙으로 하고 있으나 노동조합이 전체 종사자의 2/3 이상을 대표하는 경우에만 유니온숍 협정 인정**
유니언숍 제도 Union shop	• 기업이 조합원과 비조합원을 자유롭게 고용 • 노동조합의 간접적인 유지 확대를 위한 제도로 주로 **일본에서 채택**하고 있음 • 기업이 종사자를 채용할 때 조합원이 아닌 자를 채용할 수는 있지만, 일단 채용된 이후에는 자동적으로 노동조합에 가입하게 되는 제도

또한 변형적 숍 제도로 에이전시숍 agency shop, 프리퍼런셜숍 preferential shop, 메인터넌스숍 maintenance shop 제도 등이 있다. **에이전시숍** 제도는 '대리기관 숍 제도'라 불리며 조합원이 아니어도 모든 종사자에게 단체교섭의 당사자인 노동조합이 조합비를 징수할 수 있는 제도를 말한다. **프리퍼런셜숍** 제도는 '우선 숍 제도'라고도 하며 채용할 때 노동조합원에게 우선순위를 줄 수 있도록 한 제도이다. **메인터넌스숍** 제도는 '조합원 유지 숍 제도'라고 하며 조합원이 되면 일정기간 동안 조합원으로 남아 있어야 하는 제도이다.

Chapter 10

급식서비스마케팅

01 마케팅 관리의 개념

02 마케팅 관리 개념의 변화

03 급식서비스마케팅의 필요성

학습목표

- 마케팅 관리의 개념과 변화를 설명할 수 있다.
- 서비스의 정의와 특성을 서술할 수 있다.
- 급식서비스의 특성을 이해하고 전략을 제시할 수 있다.
- 전통적마케팅과 서비스마케팅을 비교할 수 있다.
- 급식서비스마케팅 활동을 설명하고, 구매의사결정을 설명할 수 있다.
- 시장세분화, 표적시장 선정, 포지셔닝 개념을 설명할 수 있다.
- 급식서비스마케팅 믹스를 설명할 수 있다.

1. 마케팅 관리의 개념

마케팅이라는 용어는 'market'과 'ing'을 합한 단어로 'market'은 다양한 제품과 서비스를 제공하려는 판매자와 가치있는 어떤 것을 교환하려는 비슷한 욕구를 가진 잠재적인 소비자 그룹을 말하며 'ing'은 활동하는 것을 의미하므로 '고객을 위한 활동'이라 할 수 있다. **미국마케팅학회** American Marketing Association ; AMA에서는 마케팅을 '고객과 조직의 목표를 충족시키기 위한 교환이 일어날 수 있게 하기 위하여 아이디어, 제품 및 서비스의 개념화, 가격결정, 촉진 및 유통을 계획하고 실행하는 과정'으로 정의하였고, 마케팅 학자인 **코틀러** Kotler는 '개인이나 집단이 타인에게 가치가 있는 제품과 서비스를 창조 · 제공, 교환함으로써 그들이 요구하고 필요로 하는 것을 획득할 수 있도록 하는 사회적이며 관리적 과정'이라고 정의하였다. 마케팅은 소비자의 필요와 욕구를 충족시키기 위해 시장에서 교환이 일어나도록 하는 일련의 활동을 말하며, 제품개발, 가격결정, 촉진 및 유통을 계획하고 실행하는 모든 활동과정을 말하는 것이다.

따라서 **마케팅 관리**란 조직의 목표를 달성하기 위하여 표적시장의 고객과 기업의 이익을 창출할 수 있도록 교환을 찾아 성립시키고 고객을 유지하기 위하여 수립된 프로그램을 분석 · 계획 · 실행시키고 통제하는 과정이라 할 수 있다.

마케팅의 본질적인 특성

- **목표지향적:** 조직의 목표달성에 공헌할 수 있는 목표지향성이 필요함
- **고객지향적:** 고객 수요조사와 경쟁 분석을 바탕으로 하는 시장지향성을 추구함
- **사회지향적:** 환경오염 등 사회에 주는 영향을 고려하여 마케팅 활동을 수행함
- **전사적관리:** 조직 내 모든 부서와 직원들이 협조적으로 마케팅 활동을 함

2. 마케팅 관리 개념의 변화

마케팅 관리 개념은 기업의 마케팅 활동을 이끌어가는 마케팅 관리자가 가장 이상적이라고 생각하는 행동신념 또는 행동지향성을 말한다. 생산기술이

급격히 발달하면서 수요와 공급이 초과되었고, 이로 인해 공급부족 상태로 판매자가 지배하던 시장에서 구매자가 지배하는 시장으로 발전하면서 마케팅이 중요하게 인식되었다. 마케팅 관리 개념은 **생산지향적, 제품지향적, 판매지향적, 마케팅지향적, 사회지향적, 고속정보망지향적** 개념으로 변화하고 있다[표 10-1].

표 10-1 마케팅 관리 개념의 변화

개념	내용
생산 지향적 개념	• 서비스 질의 저하라는 문제점 있음 • 대량생산 방식으로 시장점유율을 높이는 것에 중점을 둠 • 제품에 대한 수요가 공급을 초과하는 상황에서의 관리 철학으로, 제품이 없어서 판매를 못하는 상황에서 생산효율을 증대하고 가격을 낮추는 것이 고객 확보의 주요 수단으로 보는 개념
제품 지향적 개념	• 소비자의 욕구와 상관없이 제품을 질을 향상시키므로 고객이 보다 욕구를 잘 충족시킬 수 있는 다른 제품으로 구매을 바꿀 수 있는 단점이 있음 • 고객이 가격대비 제품의 품질을 중요시하는 상황에서 기술개발에 따른 품질개선과 경쟁사의 제품과 경쟁에서의 승리를 고객유치의 수단으로 보는 개념
판매 지향적 개념	• 고객만족에는 소홀했다는 문제가 있음 • 제품을 생산한 후 고객 확보와 유지를 위해 각종 미디어를 통한 선전·광고 및 판촉활동의 판매촉진방법을 개선하는 것에 중점을 두는 개념 • 기술의 발달과 혁신으로 대량생산이 가능해지고 생산량이 증가하면서 공급은 증가하고 수요는 감소한 상황에서의 관리 철학으로, X이론에 근거하여 소비자를 수동적이고 현명하지 않다고 생각함
마케팅 지향적 개념	• 우리나라에는 1980년대부터 마케팅 개념이 도입되기 시작함 • 기업은 고객이 원하는 상품을 만들어야 이익을 얻게 된다는 것을 알게 되었음 • 마케팅조사를 통하여 고객 및 시장의 요구를 파악하고 고객의 욕구를 충족할 수 있는 제품을 생산하여 기업의 목표를 달성하고자 하는 관리 개념
사회 지향적 개념	• 사회적 책임과 사회와의 의사소통을 확대하고 사회 전체의 장기적 이익과 일치하는지를 중요하게 생각함 • 표적시장의 욕구를 확인하고 경쟁기업보다 효과적이고 효율적으로 소비자의 욕구를 충족시킴과 동시에 사회적 복지증진과 환경 및 생태계의 개념까지 포함한 마케팅 개념 • 예) 환경마케팅, 그린마케팅
고속 정보망 지향적 개념	• 고객지향적 개념과 사회지향적 개념이 고속망으로 대표되는 정보통신 기술과 접목되어 향후 펼쳐질 미래의 마케팅 관리 개념으로 최첨단 정보통신 기기를 활용한 마케팅 개념

쉬어가기 **스타벅스의 그린 마케팅**

스타벅스는 전 세계 64개국 23,187개의 매장을 운영하고 있으며, 우리나라에서도 429개 매장이 있는 가장 영향력 있는 커피브랜드이다. 스타벅스는 지난 2011년 12월 수입된 상품을 빼내고 난 뒤 폐기처분이 예상되었던 컨테이너 박스 4개를 이용하여 'Reclamation Drive Thru' 매장을 미국 시애틀에 오픈하였고, 이 캠페인은 타이완 스타벅스에서도 진행되었다. 우리나라에서는 일회용 컵 2개를 이용하여 앱싸이클링 화분을 만들고 원두커피 찌꺼기로 만든 퇴비가 담긴 친환경 꽃 화분 KIT를 만들어 2016년 5월 '세계환경의 날'을 맞이해 깜짝 캠페인을 하였다. 2011년 미국의 스타벅스 매장 100개 지점은 기존에 사용하던 백열등과 할로겐 등을 LED 전구로 교체하여 에너지 절약과 환기, 공기조절이라는 결과로 매장 당 7%의 에너지 절약을 달성했다.

3. 급식서비스마케팅의 필요성

급변하는 급식시장 안에서 수요에 비해 공급이 과다해지고 기업 간 경쟁이 치열해졌으며 다양한 상품들이 생산되어 소비자들의 선택을 어렵게 만들고 있다. 주 5일 근무제, 산업공동화 현상 등으로 인한 식수 감소의 불안, 위탁급식비율의 증가에 따른 급식시장의 성장률 둔화, 고객욕구의 다양화와 같은 급식시장의 내·외부환경 변화는 수요 및 공급관계와 경쟁 양상의 변화를 가져왔고 급식산업에서 마케팅 관리의 필요성을 인식하게 되었다.

급식산업의 경우 전형적인 서비스산업으로 전통적인 제조부문에서보다 서비스 활동이 강조되고 있으며, 급식산업의 발달로 소비자들은 지속적으로 음식과 서비스에 대한 질적 향상에 대해 관심을 가지게 되었다. 급식시장의 수요와 공급 불균형을 극복하고 고객욕구에 대한 충분한 이해를 바탕으로 차별화된 서비스와 음식을 제공함으로써 가치를 창출하고 고객의 만족을 높이기 위해 급식서비스마케팅의 활동은 매우 중요하다.

1) 서비스의 정의

서비스의 사전적 의미는 타인의 이익을 도모하기 위한 정신적·육체적인 행위로 규정하고 있으며, 서비스란 사용자에게 성과에 대한 어느 정도의 만족을 제공하지만 소유되거나 저장, 수송될 수 없는 무형적 활동으로 정의될 수 있다. 미국마케팅학회는 서비스를 "마케팅 목적으로 제공되거나 상품의 판매와 관련하여 제공되는 제반 활동 · 편익 · 만족"이라고 정의하였으며, 코틀러는 "본질적으로 무형이며 소유권의 이동없이 타인에게 제공되는 행위 또는 만족"이라고 정의하였다.

2) 서비스의 특성

서비스는 제품이 갖는 특성과는 달리 제품을 실제로 보기 어렵기 때문에 **무형성** intangibility, 생산과 소비를 분리할 수 없기 때문에 **비분리성** inseparability(동시성), 표준화가 어려우므로 **이질성** heterogeneity, 생산과 소비가 동시에 이루어지며 즉시 **소멸** perishability**되는 특성(저장불능성)**을 가지고 있다[표 10-2].

표 10-2 서비스와 제품의 비교

서비스	제품
무형성	유형성
생산과 소비의 비분리성(동시성)	생산과 소비의 분리성
이질성(비표준화)	동질성
소멸성(저장불능성)	재고, 보관기능

(1) 무형성

서비스와 제품을 구분하는 가장 큰 특징인 유형성은 상품을 만져볼 수 있는가의 여부이다. **서비스는 형태가 없기 때문에 보고 만질 수 없으며, 맛을 보거나 냄새를 맡을 수도 없으며 제품을 진열할 수 없다.** 따라서 고객들은 서비스를 제공받기 전에 앞으로 제공받을 서비스에 대해 불확실성을 느끼게 되어 구매를 주저하게 되며 서비스에 대한 정보와 신뢰를 제공받을 수 있는 유형의 근거를 찾으려고 노력하므로 서비스를 제공하는 종사자나 업체는 소비자가 믿고 서비스를 구매할 수 있도록 여러 가지 조치를 취해야 한다. 단체급식소에서 제공되는 급식메뉴는 제품이면서 서비스의 특성을 가지고 있으므로 사진이나 실물모형 등의 진열로 무형적인 서비스를 유형적인 제품으로 느낄 수 있도록 해야 한다.

서비스마케팅 분야에서 **서비스를 유형성의 정도에 따라 분류**했을 때, **급식은 유형성과 무형성의 중간에 배치할 수 있다**[그림 10-1].

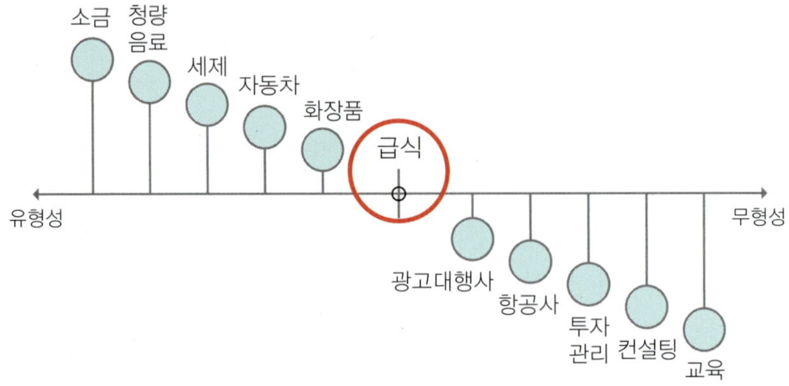

[그림 10-1] **급식의 제품 및 서비스의 특성 정도**

급식산업에서 제품의 성격이 차지하는 비율과 서비스적 성격이 차지하는 비율은 일반적으로 50:50 또는 60:40 정도가 되어야 하는데, 음식과 서비스 간의 상대적 중요성의 차이는 급식의 가격대에 따라 달라질 수 있다. **고가의 급식일수록 서비스의 중요성이 증가하고 저가의 급식일수록 제품의 중요도가 커지는 경향이 있다**[그림 10-2].

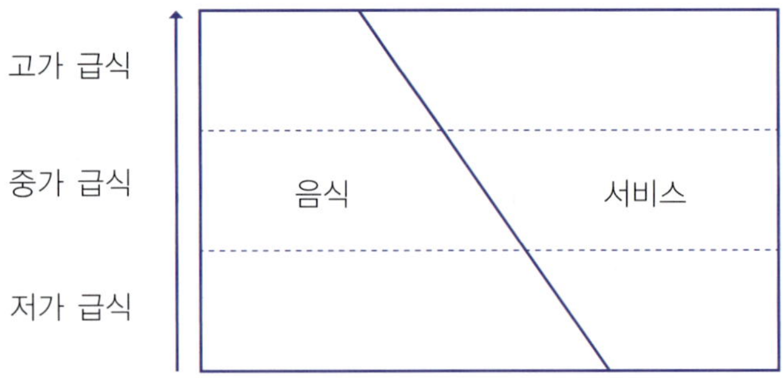

[그림 10-2] **급식가격에 따른 음식과 서비스의 상대적 중요성**

(2) 비분리성(동시성)

서비스는 생산과 소비가 동시에 이루어지며 고객이 없는 급식소에서 종사자는 서비스를 생산할 수 없으며, 고객에게 식사를 제공하는 순간 서비스가 생산되고 동시에 소멸된다. 비분리성의 속성으로 인하여 **진실의 순간** moment of truth이 중요하며 고객과의 접점에서 근무하는 급식종사자는 주문을 받고 모든 서비스를 할 때 능숙하고 정확하게 업무를 수행해야 한다. 또한 서비스를 어떻게 제공하느냐에 따라 고객만족에 매우 중요한 영향을 준다. 비분리성의 경우 고객과 개인의 친밀감에 의존하므로 고객 관리에 역점을 두고 종사자의 선발과 훈련을 강화해야 한다.

(3) 이질성(비표준화)

일정한 유형 제품을 구매하는 고객은 매번 같은 품질의 제품을 구매하기를 기대한다. 그러나 서비스는 인적자원에 주로 의존하므로 일관되고 표준화된 서비스를 제공하기 어렵다. **이질성의 원인**은 서비스 종사자의 수행능력, 서비스수행 시 환경, 서비스 형태, 소비자 인지도의 차이로 서비스의 수행품질을 표준화하고 관리하는 것이 어렵기 때문이다. 따라서 종사자의 교육과 훈련이 매우 중요하며 서비스 상황에 따른 대처양식을 개발하고 서비스 종사자 간에 긴밀한 의사소통을 통하여 문제를 해결해야 한다.

(4) 소멸성(저장불능성)

서비스는 저장될 수 없으며 소비되지 않고 사라지는 특징을 가지고 있다. 서비스가 제공되는 시점에 소비하지 않으면 서비스는 다른 방향으로 이동하지 않고 사라진다. 이는 생산과 동시에 소비되는 비분리성에 기인하며 서비스의 수요가 있을 때 서비스가 충분히 생산되는 반면 수요가 발생되지 않을 경우 서비스의 능력이 소멸되므로 손실이 생기게 된다. 급식의 경우 과잉생산에 의한 손실과 과소생산으로 인한 기회의 상실이라는 문제가 발생하므로 수요공급에 대한 조절이 매우 중요하다. 레스토랑의 좌석은 재고로 저장되지 않으며 채워지지 않는 좌석은 그대로 사라져 버리고 말 것이기 때문이다. 철도 및 고속버스 회사, 항공사 등에서 예약을 이행하지 않은 고객들에게 비용을 부과하는 것도 서비스의 소멸성에 따른 것이다.

3) 급식산업 서비스의 특성과 전략

급식산업 서비스의 특성과 이에 따른 제약을 극복하기 위한 전략을 제시하면 [표 10-3]과 같다.

표 10-3 급식산업 서비스의 특성과 전략

특성	급식산업 서비스의 특성	전략(예시)
무형성	**급식산업에서 판매하는 제품은 고객의 경험** • 고객은 음식과 서비스 전체를 구매함 • 유형의 제품(음식)과 무형의 서비스(분위기, 친절) 모두를 포함함	• 구전을 통한 촉진 • 유형적인 단서 제시 : 사진, 포스터, 메뉴모형, 현수막 • ISO, HACCP과 같은 인증 획득으로 기업이미지 구축
생산과 소비의 비분리성 (동시성)	**서비스 제공과정이 노동집약적** • 종사자의 행동은 제품의 일부분을 구성함 • 종사자 개개인과 고객에 따라 품질이 달라짐 • 고객의 경우, 모든 서비스 제공과정에 직접 관여함	• 철저한 고객관리 • 정확하고 능숙한 업무수행 • 동기부여를 위한 내부마케팅 강화 • 고객과 접촉하는 종사자의 선발, 교육 및 훈련 실시
이질성 (비표준화)	**서비스 유통경로의 중요성** • 서비스 제공과정에서 다수의 조직이 함께 관여함	• 표준 레시피 사용 • 종사자의 교육과 훈련 • 서비스 상황별 대처양식의 표준화 및 개별화 전략 도입
소멸성 (저장불능성)	**서비스의 시간·공간적 수급조절이 중요** • 수요의 변동이 심함 • 재고로 저장하지 못함	• 수요예측 기법을 도입한 급식생산 계획수립 • 효과적인 수요·공급관리 : 시간대별 가격 할인

쉬어가기 **No Show '약속은 매너의 기본이다'**

No Show란 펜션, 호텔, 공연, 기차, 비행기 등의 좌석을 예약하고 별도의 취소 통보 없이 나타나지 않는 행위를 말한다. 이때 비용을 지불하지 않고 공간을 낭비하게 되어 다른 사람에게 돌아갈 기회를 원칙적으로 막는 행위로 사회적, 경제적 손실을 일으킨다. 따라서 식당이나 호텔에서는 No Show 관행의 고착화로 손실을 보지 않기 위해 추가로 예약을 받게 된다. 이러한 피해는 모든 사람에게 돌아갈 수 있으며, 책임있는 소비문화를 안착시키는 데 걸림돌이 되기도 하며 아직 성숙되지 못한 국민성이 있음을 나타내고 있다. No Show로 인한 매출손실은 연간 4조 5천억에 달하고 있다.

4) 서비스마케팅의 개념

(1) 전통적마케팅과 서비스마케팅

전통적마케팅은 **생산과 소비가 분리되는 것을 전제**로 시작된다. 마케팅 관리를 위해 먼저 마케팅조사를 통하여 소비자 구매행동과 시장을 분석함으로써 수요분석을 하게 되므로 수요 분석은 생산을 위한 바탕이 된다. 그러나 서비스의 경우 기업과 소비자 간 상호작용을 통하여 생산과 소비가 동시에 일어나므로 전통적마케팅을 적용하기는 어렵다.

서비스마케팅은 서비스의 생산 · 전달 및 소비가 동시에 발생하는 서비스의 특성상 판매자와 구매자 간의 상호작용 및 **서비스 접점 관리가 필요**하며, **전체 직원이 이러한 활동을 담당**하게 된다. 서비스마케팅에서는 원활한 서비스 제공을 위해 전 직원이 마케팅적 사고와 행동을 하는 것이 필수적이다[표 10-4].

표 10-4 전통적마케팅과 서비스마케팅

유형	전통적마케팅	서비스마케팅
전제	생산과 소비의 분리성	생산과 소비의 동시성
마케팅의 기능	생산과 소비의 매개	상호작용 및 접점관리
마케팅 담당조직	마케팅 부서	직원 모두가 마케팅 활동수행
마케팅 사고	거래마케팅	관계마케팅

(2) 전통적 거래마케팅과 관계마케팅

과거 전통적마케팅에서는 고객과의 지속적인 관계 형성보다 하나의 거래만을 중요시하는 **거래마케팅**이 기본 철학이었으나 **서비스마케팅**에서는 고객과 관계를 형성 · 유지 · 발전시키는 것을 강조하는 관계마케팅의 철학을 기본으로 하고 있다.

관계마케팅에서는 상대적으로 상호작용마케팅의 기능이 중요해지며 종사자의 고객지향적 사고와 참여자로의 역할, 물리적 환경 등이 마케팅의 중요한 기능이 된다. 또한 관계마케팅은 상품 자체의 **기술적 품질**, 즉 **결과품질**만을 중요시하는 거래마케팅과 달리 서비스 품질 결과는 물론 '서비스가 어떻게 제공되는가' 등의 **과정품질**도 중요시하는 특징이 있다. 관계마케팅은 서비스 제공자가 고객과 광범위하고 깊은 관계를 개발 · 유지하여, 경쟁사가 낮은 가격을 제시한다고 해도 고객이탈현상이 나타나지 않으므로 경쟁수단으로 가격 역할이 감소하게 되며 가격 민감도가 낮아지게 된다[표 10-5].

표 10-5 전통적 거래마케팅과 관계마케팅

전통적 거래마케팅	관계마케팅
• 단기적 거래 • 판매를 목적으로 함 • 고객 서비스 중요치 않음 • 제품의 특징에 중심을 둠 • 생산부서만 품질에 관심을 가짐 • 고객접촉이 간헐적으로 이루어짐 • 고객기대충족의 사명이 높지 않음	• 장기적 관계 • 고객 서비스를 강조 • 고객유지를 목적으로 함 • 고객 기대충족의 사명이 높음 • 고객 접촉이 지속적으로 이루어짐 • 전체 직원들이 품질에 관심을 가짐 • 고객에게 제공하는 가치에 중심을 둠

5) 서비스마케팅의 삼위일체

서비스에는 기업, 종사자, 고객 등 3개의 주체가 존재한다. **서비스마케팅 삼위일체**란 세 가지 주체 사이에 발생하는 각종 프로세스나 행위를 **외부마케팅, 내부마케팅, 상호작용마케팅**의 세 가지 유형으로 구분한 것으로 세 가지 마케팅이 원만하게 이루어질 때 기업과 고객이 모두 만족할 수 있다[그림 10-3]. 서비스마케팅 삼위일체는 세 가지 행위나 프로세스 중 어느 한 부분이라도 부족하면 성공적인 서비스마케팅과 서비스관리가 불가능하다는 점을 나타내고 있다.

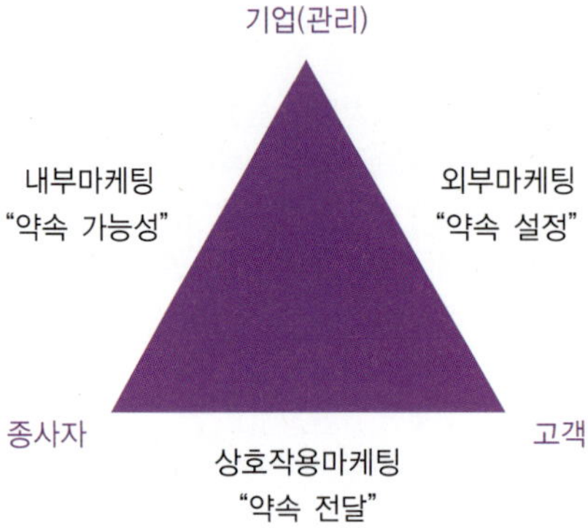

외부마케팅

고객을 대상으로 하는 마케팅으로 기업이 고객의 기대를 파악하고 서비스가 전달되기 전 고객에게 서비스 내용을 의사소통하는 모든 활동으로 광고, 판매촉진, 홍보활동 등의 전통적인 요소와 기업의 물적 · 인적자원 등과 같은 모든 요소를 포함

내부마케팅

조직의 내부고객인 종사자를 대상으로 하는 마케팅 활동으로 종사자 교육, 동기부여, 보상 등의 활동

상호작용마케팅

고객과 약속이 제공 · 전달되는 지점으로 **고객과 종사자의 상호작용을 대상**으로 하는 마케팅이며, 고객접점마케팅 또는 실제마케팅이라고 함.
외부마케팅을 통해 약속했던 서비스 내용을 고객에게 정확하게 전달될 수 있도록 관리하는 것이 중요

[그림 10-3] **서비스마케팅의 삼위일체**

6) 급식서비스마케팅 활동

마케팅 활동이란 **서비스 생산자와 고객 사이에서 제품과 서비스를 판매하거나 교환하는 모든 활동을 의미**한다. 표적시장의 고객들과 제품과 서비스를 교환하면서 고객의 욕구와 기업의 목적을 달성하기 위해 가격결정, 유통, 촉진 등을 계획하고 실행하는 과정이라고 할 수 있다.

마케팅 활동은 **마케팅 환경과 소비자 행동분석을 통하여 시장기회를 분석하는 것으로부터 시작**하게 된다. 다음으로 고객의 특성에 따라 시장을 세분화하고 다양한 고객층 가운데 어떠한 고객을 대상으로 할 것인지 분석하여 **표적시장** 선정을 하게 된다. 선정된 표적시장에서 기업이 확고한 위치를 차지하기 위한 전략을 **포지셔닝**이라 하며, 이것에 따라 구체적인 마케팅믹스를 개발하고 마케팅 활동을 수행하게 된다[그림 10-4].

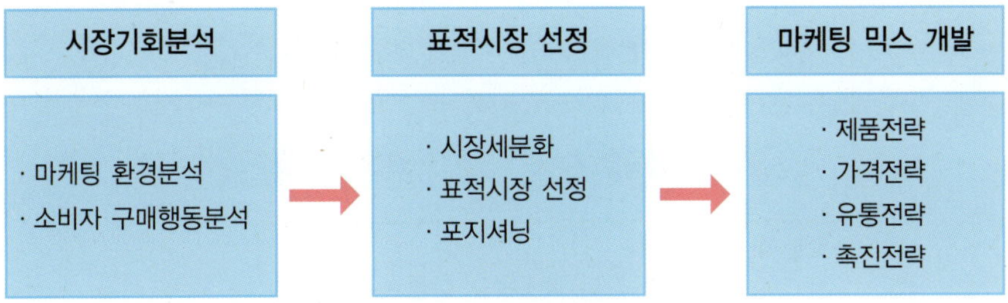

[그림 10-4] **마케팅 활동수행과정**

(1) 시장기회분석

마케팅 활동의 수행은 **마케팅 환경분석**과 **소비자 구매행동분석**을 통하여 **시장기회를 분석**하는 것으로 시작한다.

① 마케팅 환경분석

기업의 마케팅 전략 및 활동에 영향을 미치는 마케팅 환경은 크게 **미시적 환경**과 **거시적 환경**으로 구분할 수 있다. **미시적 환경**은 기업의 마케팅 활동을 지원하거나 제약하는 환경으로 기업자체, 공급업체, 중간상, 마케팅 중제기관 등 기업 가까이에 있는 요소를 말한다. **거시적 환경**은 기업이 속한 산업을 둘러싸고 있는 포괄적이고 광범위한 환경요인으로 기업의 마케팅 활동에 영향을 미치는 외부요인 즉, 인구통계학적 · 기술적 · 경제적 · 자연적 · 정치적 · 문화적 환경으로 기업의 입장에서 거의 통제 불가능하다.

기업 또는 마케팅 관리자가 마케팅 활동과 관련된 환경요인들의 현황과 추세를 파악하고 이것을 마케팅 전략상 반영할 수 있도록 분석하는 것을 **환경분석** environmental analysis이라고 한다. 환경분석은 **스왓분석**을 이용하여 정기적으로 시행하는 것이 좋다. 스왓분석을 통하여 내부자원인 자사의 강점과 약점을 분석하고 외부환경에 해당하는 기회와 위협요소를 평가함으로써 자사의 강점을 활용할 수 있는 기회를 확보하고 위협에 대한 대안을 수립한다[그림 10-5].

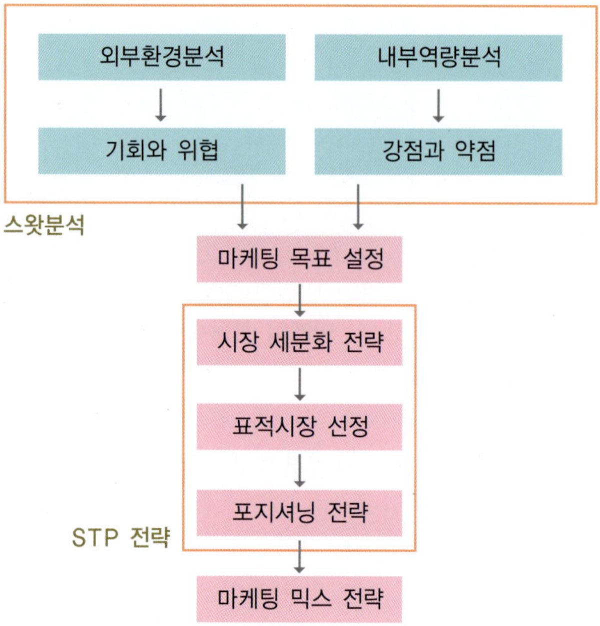

[그림 10-5] **급식서비스마케팅 전략 수립과정**

급식산업은 다른 산업분야에 비해 신제품의 수명주기가 짧고, 서비스의 모방이 쉽다는 특징이 있으므로 지속적인 환경분석과 소비자분석을 통해 소비자가 원하는 신메뉴 및 서비스 개발로 고객 확보에 노력을 기울여야 한다.

② 소비자 구매행동

소비자 구매행동 consumer buying behavior이란 제품을 구입할 의사가 있는 소비자들이 어떤 제품을 언제, 어디에서 구입할 것인가에 대한 계획을 세우고 다양한 정보탐색 활동을 거쳐 구매에 대한 의사결정을 내리게 되는 구매와 관련된 여러 가지 행동을 말한다. 급식서비스를 이용하는 고객들은 일반적인 서비스 제품의 구매와 유사한 의사결정과정을 거치게 된다[그림 10-6].

소비자의 의사결정과정

소비자 의사결정과정은 **문제 인식 → 정보 탐색 → 대체안 평가 → 구매 의사결정 → 구매 후 행동(만족 · 불만족)**으로 나타난다.

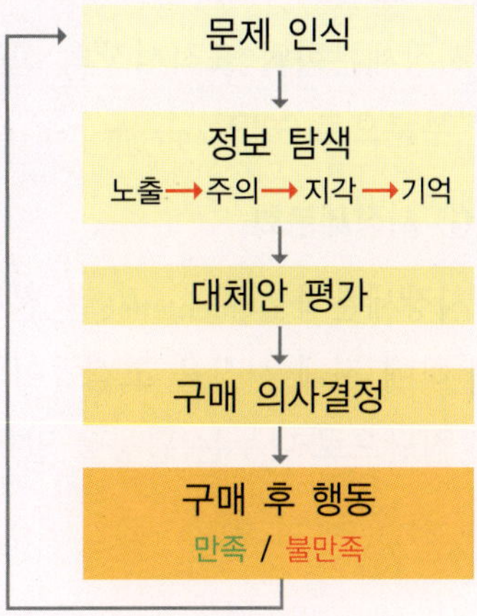

1) 문제 인식

소비자가 어떤 문제나 욕구를 인식할 때 시작된다. 욕구는 내부적 자극으로 나타나지만 음식점을 지날 때 맛있는 냄새가 배고픔을 느끼게 하는 외부자극에 의해서도 일어나기도 한다.

2) 정보 탐색

욕구를 인식한 소비자들이 문제의 가능한 해결책에 대한 정보를 모으는 과정이다. 탐색의 양은 관여도(involvement)에 의해 결정되며 관여도는 특정 상황에서 특정 대상에 대한 개인의 관련된 지각 정도 또는 부여하는 의미의 정도로 **관여도** involvement가 높을수록 많은 정보를 찾는 경향이 있다.

3) 대체안 평가

정보 탐색을 통해 수집한 대안 중 하나를 결정하기 위해 일정한 평가기준에 따라 대체안을 평가하는 단계로 평가기준은 개인에 따라 다르거나 때에 따라 달라질 수도 있다. 음식의 품질, 위치, 가격, 상표의 이미지, 브랜드, 서비스 제품의 속성 등이 기준이 되기도 한다.

4) 구매 의사결정

여러 가지 대안을 평가하여 특정 제품에 대한 구매 의사결정을 하는 단계로 두 가지 변수요인이 영향을 줄 수 있다. 첫째, 다른 사람이 가지고 있는 태도로 가까운 사람일수록 강한 태도를 가질수록 구매 의사결정에 영향을 주며 둘째, 예기치 않은 상황이 발생되어 구매 의사결정이 변경되는 것이다.

5) 구매 후 행동

제품 구매 후 자신이 지각한 기대수준과 제품의 성과가 같거나 큰 경우에는 만족하게 되며, 반대로 제품의 성과가 낮은 경우에는 불만족하게 된다. 제품에 대한 불만족은 제품의 반품 · 환불 · 교환의 행동으로 나타나게 되며, 해당제품의 구매를 중단하거나 가족이나 친구에게 제품에 대한 부정적인 구전을 하게 된다.

[그림 10-6] **구매 의사결정과정**

(2) 시장세분화, 표적시장의 선정 및 포지셔닝

시장세분화와 표적시장의 선정, 포지셔닝은 마케팅 활동과정 중 가장 중요한 부분으로 STP segmentation targeting positioning **분석**이라고 한다.

① 시장세분화

시장세분화 segmentation란 전체 소비자의 욕구를 충족시켜 줄 수 없다는 전제 하에 전체 시장을 고객들이 기대하는 제품 또는 마케팅 믹스에 따라 다수의 집단으로 나누는 활동을 말한다. 시장세분화의 종류는 다음과 같다[표 10-6].

표 10-6 시장세분화의 종류

구분	내용
지리적 세분화	지역, 지형, 기후, 인구밀도
인구통계학적 세분화	연령, 성별, 소득, 직업, 교육수준, 종교
심리묘사적 세분화	라이프 스타일, 개성, 태도
행동 세분화	구매 계기, 사용량, 추구 편익, 상품 충성도

② 표적시장의 선정

표적시장 target market**의 선정**은 세분시장 중 각 시장의 기회와 위협을 파악하고 평가하여 세분시장 중 기업에게 최대의 이익을 줄 수 있을 것으로 기대되는 세분시장을 표적시장으로 결정하는 것을 말한다. 표적시장 전략은 **무차별적 · 차별적 · 집중적 마케팅**으로 나눌 수 있다[그림 10-7].

- 무차별적 마케팅(비차별적 마케팅)

무차별적 마케팅은 시장을 구성하고 있는 소비자의 욕구가 모두 유사하다고 보고 세분시장 특성의 차이를 무시하고 **하나의 제품으로 전체시장을 공략하는 전략**을 말하며, **대량마케팅**이라고 부른다. 기업이 좋은 이미지를 인식시키기 위해 대량유통과 대량광고방식을 채택하고 세분시장을 무시함으로써 광고비, 제품개발비 등의 비용절감의 이점을 가져올 수 있으나 소비자의 욕구가 다양해지고 하나의 제품이나 상표의 개발이 매우 어렵기 때문에 효과는 매우 제한적이라고 할 수 있다.

• 차별적 마케팅

차별적 마케팅은 **여러 개의 세분시장을 표적시장으로 선정**하고 각 세분시장에 적합한 제품 및 마케팅 믹스를 개발하는 것을 말한다. 무차별적 마케팅보다 많은 매출을 올릴 수 있으나 세분시장에 맞는 마케팅활동을 위한 비용이 증가된다. 차별적 마케팅 전략을 할 때 마케팅 비용증가에 대한 매출액 증가를 고려해서 진행해야 한다.

• 집중적 마케팅

집중적 마케팅은 **기업의 목표달성에 적합한 하나 또는 소수의 세분시장을 선정**하고 이들 시장에 마케팅을 집중시키는 전략으로, 보다 높은 시장점유율을 확보하려고 할 때 또는 기업의 자원이 제한되어 있을 때 선택하는 방법이다. 큰 시장에서 작은 시장점유율을 누리기보다는 하나 또는 소수의 작은 시장에서 높은 시장점유율을 누리기 위한 전략이다. 집중적 마케팅을 사용하면 기업은 세분시장의 욕구에 대해 보다 많은 지식을 갖게 되고, 세분시장에 주의를 집중시키므로 강력한 시장지위를 갖게 되고, 마케팅 비용이 적게 든다. 그러나 특정 세분시장에 불황이 닥쳐오면 위험에 직면할 수 있다.

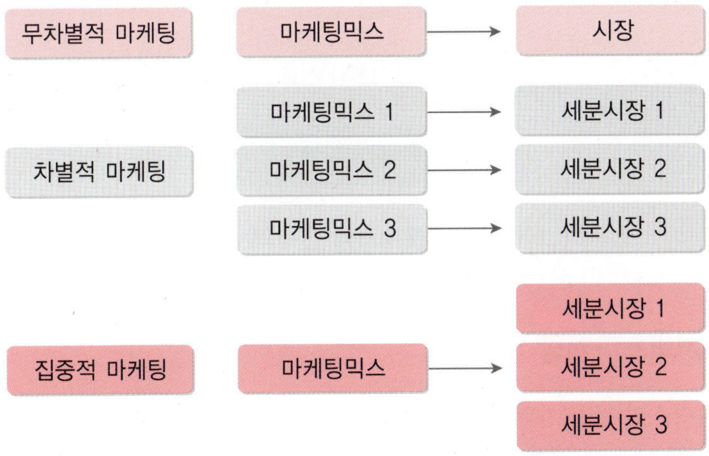

[그림 10-7] 표적시장 공략 전략

③ **포지셔닝**

포지션 position**은 고객의 마음 속에 자사의 제품이 경쟁제품에 비해 차지하고 있는 상대적 위치**를 말하며, **포지셔닝** positioning**은 경쟁우위 달성을 목적으로 고객으로 하여금 자사의 제품과 서비스 등을 다른 경쟁사의 그것과 다르게 인식되도록 만드는 기업의 활동**을 말한다.

포지셔닝 전략이란 다른 기업에 비해 차별적인 제품과 서비스를 제공하고 고객의 마음속에 우수한 제품으로 확고히 자리 잡을 수 있도록 하는 과정을 말한다. 포지셔닝 전략을 성공하기 위해서는 타사에 비해 차별화된 경쟁적 특성을 확인하고 차별화된 특성을 표적 시장 내 고객들에게 효과적으로 전달하는 작업이 필요하다. 기업이 포지셔닝 전략을 개발하기 위해서는 [그림 10-8]과 같은 과정을 거쳐야 한다.

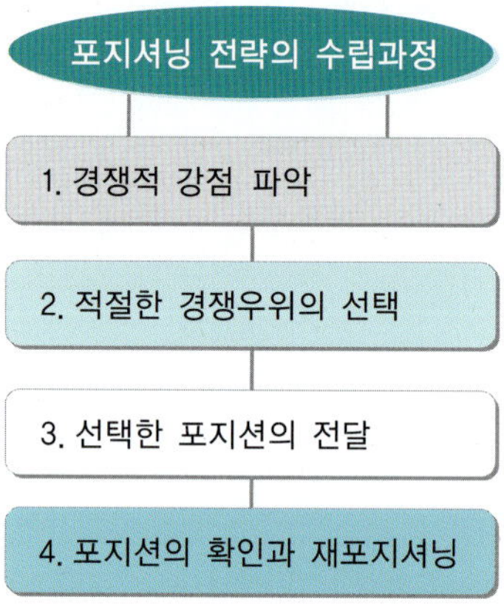

[그림 10-8] **포지셔닝 전략의 수립과정**

7) 급식서비스마케팅 믹스

마케팅믹스란 소비자와 의사소통하거나 소비자의 욕구를 만족시키기 위하여 기업이 관리하는 요소를 말하며 **제품** product, **가격** price, **유통** place, **촉진** promotion의 4P로 구성되어 있다. 마케팅 믹스 요소들은 마케팅 전략에 있어 핵심적인 역할을 하는 결정변수로 요소들 간에 상호의존성이 매우 높으며, 고정된 것이 아니라 기업이나 제품에 따라 달라진다. 그러나 급식산업의 경우 서비스가 핵심을 이루고 있으며, 서비스마케팅의 목표를 달성하기 위해서 유형적인 제품이나 상품의 마케팅 목표달성을 위해 사용할 수 있는 전통적인 마케팅 믹스 4p 외에 서비스라는 특성상 부가적인 변수들이 있다. **물리적 증거** physical evidence, **프로세스** process, **사람** people을 더하여 7P의 확장된 마케팅 믹스가 적용되며 이것을 **서비스마케팅 믹스**라고 한다[표 10-7].

표 10-7 급식서비스마케팅 믹스

제품	가격	유통	촉진	물리적 증거	프로세스	사람
• 품질 • 브랜드 • 상품의 물리적 특징	• 차별화 • 가격수준 • 지불조건 • 할인 시간, 대상	• 위치 • 운송 • 저장 • 접근성 • 경로관리 • 유통경로	• 홍보 • 판매촉진 • 대중관계 • 광고 표적시장, 광고매체 • 판매직원 선발, 교육, 인센티브	• 기구 • 종사자의 복장 • 편의용품 유형적 단서 보고서, 명함 • 시설디자인 미적 감각, 기능성, 분위기, 주변 환경	• 종사자의 재량 • 고객의 관여도 • 기계화/자동화 • 활동흐름 표준화, 주문화, 정책, 절차	• 고객 접촉 • 종사자 태도 • 의사소통 문화, 가치 • 종사자 모집, 훈련, 동기부여, 보상, 팀워크 소비자, 교육, 훈련

(1) 제품

제품 product이란 **고객의 욕구나 필요를 충족시킬 수 있는 모든 것으로 정의**되며, 서비스산업에서는 **핵심서비스**와 **보조서비스**로 구성되어 있다. 급식산업에서 제품이란 음식이 갖고 있는 물리 · 화학적인 특성과 음식이 주는 새로운 문화, 즐거움 등 문화 · 심리적인 요소가 혼합되어 있다. 음식, 브랜드, 포장, 배달, 서비스, 판매장소의 분위기까지 포함된다.

급식산업에서는 하나의 제품을 판매하는 것이 아니라 급변하는 시장변화에 대응하기 위해 핵심서비스와 보조서비스를 포함하는 전체 제품믹스 전략이 필요하며, 서비스 생산과 전달에 컴퓨터와 모바일, 텔레커뮤니케이션을 이용한 보조서비스의 개선이 이루어지고 있다.

- **핵심서비스**: 고객의 본질적인 욕구를 충족시키기 위한 것
  예: 급식에서의 음식
- **보조서비스**: 핵심서비스 제품의 이용편의를 도모하거나 내용을 확장시킨 것을 의미하며 고객이 원하는 정보 제공에서 서비스 이용의 편의를 도모하는 활동을 모두 포함
  예: 전화 및 모바일, 인터넷 예약, 쿠폰 및 할인, 주차대행 등의 부대서비스

(2) 가격

가격 price이란 **제품을 구입하기 위해 고객이 치르게 되는 금액**을 말하며, **급식산업에서는 제품 또는 서비스에 부과된 화폐량**을 뜻한다. 가격은 고객이 구매를 결정하는 데 중요한 요인이며, 제품의 교환가치 또는 고객이 특정제품을 구매함으로써 얻게 되는 효용가치라고 할 수 있다. 제품에 대한 시장의 수요를 결정하는 요소로 경쟁기업과의 상대적 위치와 시장의 수요에 큰 영향을 미친다. 또한 가격은 비용을 수반하지 않으므로 기업의 수익 창출에 매우 결정적인 역할을 하는 마케팅 믹스 요소이며, 변화성과 신축성이 가장 많은 요소 중 하나이다.

급식에서 활용할 수 있는 가격전략에는 **가격차별화전략**과 **묶음가격전략**이 있다. 가격차별화전략은 어린이 메뉴처럼 고객의 특성에 따라 가격을 책정하거나 판매율이 저조한 아침시간에 저렴한 가격으로 커피를 판매하는 것처럼 시간대에 따라 가격을 책정하는 것을 말한다. 묶음가격전략은 가장 잘 팔리는 제품과 신제품 또는 프로모션이 필요한 제품을 결합시켜 세트메뉴화 하여 책정하는 것을 말한다.

(3) 유통

유통 place이란 **생산자로부터 최종 사용자에게 특정 제품 및 서비스가 제대로 도달할 수 있도록 유도하는 모든 관련 경영활동**으로 **생산에서 소비로 이어지는 경제활동**을 말한다. 생산자로부터 표적시장의 최종 고객에게 적절한 시간에 적절한 수량이 적절한 장소에 제공되도록 하는 과정에 참여하는 모든 조직이나 개인들을 가리키는 말이며, 유통경로에 참여하는 도매상 · 소매상 · 중간상 · 경로구성원이라 할 수 있다.

급식서비스의 경우 매우 짧은 시간에 생산과 소비가 동시에 일어나고 저장되지 않으므로 유통관리를 할 때 고객과 만나는 접점관리가 중요하다. 따라서 급식소에서의 유통전략은 고객이 쉽게 식당을 접근할 수 있도록 기회를 제공하는 것으로 식사시간 이외에도 식당을 휴게실로 이용할 수 있도록 개방을 하는 방법이 있다. 외식의 경우에도 제품과 서비스에 쉽게 접근할 수 있도록 주차 편의시설을 확보하고 서비스 라인을 넓혀 고객이 오래 기다리지 않도록 하는 방법도 있다.

(4) 촉진

촉진 promotion이란 **해당 제품의 효익에 대해 실제고객 또는 잠재고객을 대상으로 효과적으로 정보를 제공하거나 설득하는 활동**을 말한다.

촉진의 목적은 정보제공을 통하여 고객이 제품이나 서비스에 대해서 호의적인 태도를 가지도록 설득하여 소비자 행동에 영향을 주어 구매를 하도록 이끄는 것이다.

촉진활동에는 TV, 신문, 라디오, 잡지 등의 광고, 세일즈맨을 이용한 인적 판매, 이벤트 행사, 가격할인, 쿠폰, 무료견본, 경품제공 등의 판매촉진, 디스플레이, 퍼블리시티 publicity, 머천다이징 merchandising, 카탈로그 등이 있다.

급식소에서도 특별한 기념일의 경우 무료 식사쿠폰을 제공하거나 자주 구매하는 고객에게 보상과 재구매에 대하 인센티브를 제공하기 위해 포인트 또는 마일리지를 제공하는 촉진전략을 활용한다.

(5) 물리적 증거

물리적 증거 physical evidence란 **서비스가 생산되고 소비되는 고객과 기업의 접점에서 서비스의 수행과 의사소통을 촉진하는 모든 유형적인 환경**을 말한다. 물리적 증거는 **물리적 환경**과 기타 **유형적 요소**로 구성할 수 있다.

- 물리적 환경
  외부환경: 시설의 외형, 간판 등의 안내표지판, 주차장, 주변 환경
  내부환경: 장식, 표지판, 벽의 색상, 가구, 시설물, 공기의 질, 온도
- 유형적 요소
  종사자 유니폼, 광고팸플릿, 영수증

급식소에서도 최고의 서비스를 제공하기 위해 인테리어에 각별한 신경을 쓰고 있으며 실제적으로 밝고 쾌적한 인상을 주어 식감을 높이는 아이보리 톤의 색조를 이용하기도 하고 체리목 파티션을 이용하여 깔끔함을 더하기도 한다. 또한 급식소 특유의 음식냄새를 없애기 위해 향기를 이용하여 고객서비스를 향상시키기도 하며 조명기를 이용하여 고급스러운 분위기를 강조하기도 한다.

(6) 프로세스

프로세스 process란 **서비스가 전달되는 절차나 활동의 흐름을 의미한다. 고객이 경험하는 서비스는 일련의 과정이며 흐름의 형태로 전달**된다.

서비스 구매과정을 고객의 입장에서 보면 기대하였던 품질을 확인할 수 있는 순간이므로 **진실의 순간** moment of truth ; MOT이라고 하며, 고객과 기업이 만나는 서비스 구매과정은 서비스 품질에 대한 고객의 인식에 결정적으로 영향을 미치므로 효과적으로 관리해야 한다.

급식소에서 프로세스는 구매하기 전의 대기관기, 구매과정(진실의 순간), 구매 후 과정이 있다. 고객은 음식이라는 제품만 구매하는 것이 아니라 음식이 제공되는 장소의 분위기, 종업원의 친절, 식사하는 과정에서 얻는 행복감 등을 즐기므로 구매 전부터 구매 후까지 적절한 관리를 통하여 고객에게 최대한 만족감을 주는 것이 중요하다.

외식의 경우 대기관리에 따라 고객의 재구매에 긍정적인 영향을 미치므로 대기상황을 고객이 납득할 수 있도록 설명하고 부정적인 시각으로 보지 않도록 하는 것이 중요하다. 따라서 대기관리의 8원칙을 참조해서 대기관리의 매뉴얼을 만들어 대체하는 것도 좋은 프로세스 전략 방법이다.

쉬어가기 대기관리의 8원칙

1. 아무것도 하지 않고 기다리면 오래 기다린다고 느낀다.
2. 구매하기 전의 기다림은 구매 중의 기다림보다 더 길게 느껴진다.
3. 걱정거리가 있을 때 대기시간이 더 길게 느껴진다.
4. 언제 서비스를 받을지 모르면서 기다리면 대기시간이 더 길게 느껴진다.
5. 원인을 알지 못할 때는 대기시간이 더 길게 느껴진다.
6. 불공정하다고 생각될 때 대기시간이 더 길게 느껴진다.
7. 제공되는 서비스가 기다리는 시간을 기꺼이 감수할 정도로 큰 가치를 지니고 있으면 사람들은 오래 기다릴 수 있다.
8. 혼자 기다리면 대기시간이 더 길게 느껴진다.

(7) 사람

서비스 기업에서 가장 중요한 사람은 고객이며, 서비스 전달과정에서 구매자의 지각에 영향을 주는 모든 **사람** people으로 **종사자와 서비스 환경 내의 고객을 의미**한다. 고객과 좋은 관계를 유지하는 것이 서비스 기업의 성패를 결정한다고 할 수 있으며, 고객과 일시적인 관계를 맺는 것보다 고객과 장기적인 우호관계 확립을 위한 관계마케팅이 중요하게 대두되고 있다. **관계마케팅**의 실시를 위해 서비스 기업에서 근무하는 종사자를 대상으로 내부마케팅을 선행해야 하며, 서비스 기업이 성공하려면 서비스를 제공받는 외부고객과 내부고객인 종사자 모두를 잘 관리해야 한다.

Chapter 11 급식서비스 품질경영

01 품질의 정의

02 품질관리 개념의 발전

03 종합적 품질경영

04 품질인증제도와 품질상

05 서비스 품질의 이해

06 서비스 품질의 평가

07 서비스 품질의 측정

학습목표

- 품질의 개념을 이해하고, 근거관점에 따른 정의를 설명할 수 있다.
- 품질관리의 개념 및 역할, 품질관리 개념의 역사적 변천을 설명할 수 있다.
- 품질경영과 종합적 품질경영의 원칙을 설명할 수 있다.
- 품질경영을 위해 보급 · 확산되고 있는 ISO 9000, ISO 14000, ISO 22000의 차이를 구별할 수 있다.
- 품질경영시스템을 정의하고, 서비스 품질의 유형을 구분할 수 있다.
- 진실의 순간의 중요성을 설명할 수 있다.
- 서비스 품질평가 도구들을 설명할 수 있다.
- 종합적 품질경영의 실행개념을 설명할 수 있다.

1. 품질의 정의

품질 qaulity은 사전적으로 공장에서 생산된 제품이나 서비스산업이 제공하는 서비스가 가지는 독특하고 필수적인 특성, 본래부터 타고난 특성, 우수함의 정도로 정의되며, 경영조직에서는 고객의 만족을 실현하기 위해 고객의 욕구를 충족시키는 것을 의미한다. **미국 품질통제협회** The American Society for Quality Control에서는 **품질을 '제품과 서비스가 소비자의 욕구를 만족시켜 줄 수 있는 특징'** 이라고 정의하였다. 가빈 Garvin은 품질을 다음의 다섯 가지 관점으로 구분하여 **탁월함에 근거** transcendent, **제품에 근거** product-based, **제조에 근거** manufacturing-based, **사용자에 근거** user-based, **가치에 근거** value-based하여 기술하였다[표 11-1].

표 11-1 품질의 5가지 관점

품질의 5가지 관점	내용
탁월함에 근거한 품질	• 가장 이상적인 품질을 강조하는 철학적 견해 • 단체급식소와 병원 등의 급식소에 응용하기에 부적합한 부분 있음
제품에 근거한 품질	• 제품이나 재화의 고유 특성 • 가장 높은 비용의 식재료가 가장 높은 품질을 갖고 있다고 간주하는 것 : 그러나 급식소에서 시간과 인건비를 줄이기 위해 전처리 재료를 비싼 비용으로 사는 경우는 비용만큼 좋은 품질의 식재료라 하기에는 어려운 점이 있음
제조에 근거한 품질	• 규격이 고객요구를 대신하므로 규격이 충족되면 고객을 만족시키는 것으로 가정 • 미리 결정된 요구조건이나 기준에 일치하는지에 따라 품질을 결정하는 생산자 입장의 전통적 품질개념 • 급식소의 표준조리법 Standard recipe을 잘 지켜서 생산한 식사는 모두 양질의 식사가 될 수 있고, 식품명세서를 충족시키는 식재료가 높은 품질이 됨 : 그러나 이것 역시 표준조리법과 식품명세서가 제대로 잘 작성되어 있는 상태가 아니라면 좋은 품질을 보장할 수 없음
사용자에 근거한 품질	• 고객 요구사항, 기대, 욕구 등을 충족시키고자 하는 것 • 품질에 대한 고객의 주관적인 기대를 이해하고자 하는 마케팅적 견해 • 급식소의 식사와 서비스에 대한 고객의 요구가 다양한 만큼 다양한 품질로 정의
가치에 근거한 품질	• 소비자가 지불하는 가격이나 원가와 비교하여 제공되는 식사와 서비스의 특성이 우수하여 만족하면 높은 품질로 간주하는 복잡한 견해

2. 품질관리 개념의 발전

품질관리는 소비자 욕구의 향상 등 시장·환경적 요인의 변화에 부응하는 과정에서 관리범위와 관리방법에 있어 많은 변화를 가져왔다. 품질관리에 관한 1:10:100 법칙에 의하면, 예방비용에는 1 달러, 문제 발견 시 바로 수정하면 10달러, 고객에게 문제가 전달되어 사고가 발생한 후에는 100불의 비용을 지불해야 한다. 이는 품질관리의 시점이 매우 중요하다는 것을 보여준다[그림 11-1].

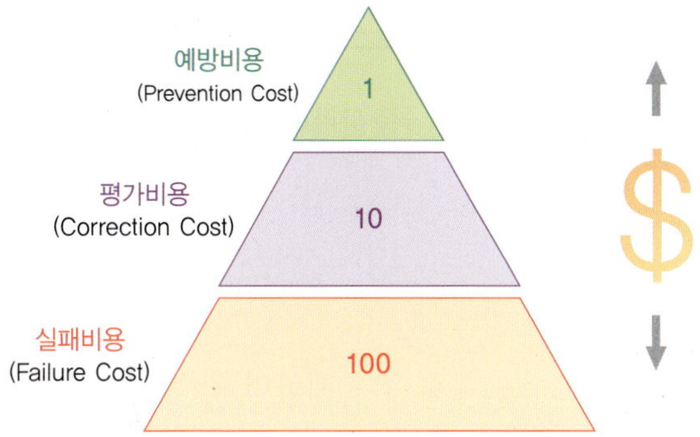

[그림 11-1] **1:10:100법칙**

종전에는 단순히 생산 제품이나 서비스를 사후검사하는데 머물렀던 것에 비해, 품질관리에 영향을 미치는 여러 요인들을 사전적으로 파악하여 체계적으로 접근하여 종합적인 개선방안을 마련함으로써 소비자의 욕구를 충족하기 위한 품질향상을 지속적으로 도모하였다. 품질관리의 발전단계는 [그림 11-2, 표 11-2]와 같다.

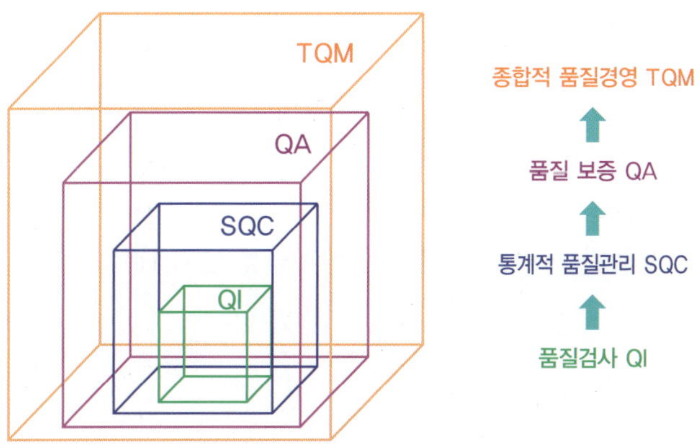

[그림 11-2] **품질관리의 발전단계**

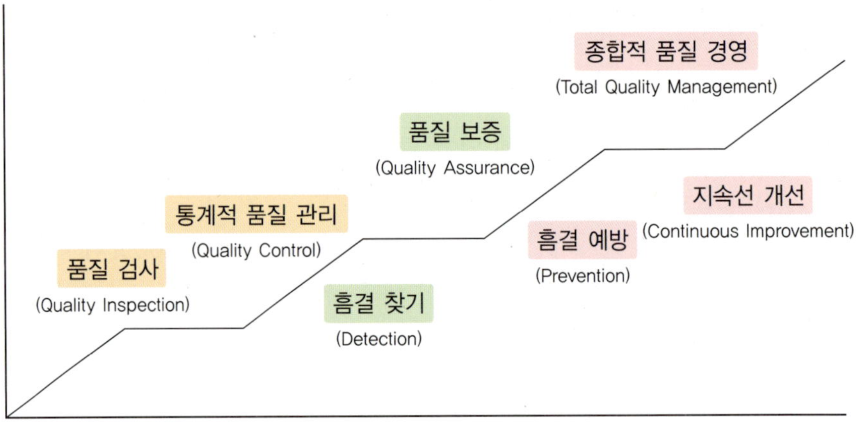

[그림 11-3] **품질관리 개념의 위계**

1) 품질검사

품질검사 quality inspection는 부품이나 제품이 완성된 후 품질을 확인하는 것으로, 완성된 제품의 품질개선과 불량예방에 도움이 되지 못한다.

2) 통계적 품질관리

1925년도에 월터 앤드루 슈하트 Walter Andrew Shewhart는 관리도법을 창안하여 생산 공정에서 일어나는 문제해결에 통계적 방법을 적용한 통계적 품질관리 statistical quality control를 제안하였다. **품질관리는 생산된 제품의 균일성을 검사하고 오류를 검색하는 수단으로 사용**되었다. 1928년 벨연구소의 해럴드 도지 Harold F. Dodge와 해리 로믹 Harry G. Romig이 샘플링 검사이론을 발표하였다.

3) 품질보증

품질보증 quality assurance은 1958년 벨연구소의 연구원이 명명한 것으로 품질시스템에 대한 감사, 품질 매뉴얼의 작성, 제 3자에 의한 승인 등의 절차에 관한 것이고, **제품과 서비스에 설정된 한계허용 범위 내에서 표준화를 유지하려는 절차**이다.

4) 종합적 품질경영

종합적 품질경영 total quality management은 역사적으로 품질관리 quality control, 품질보증 quality assurance을 거쳐서 발전된 위계적 개념이고, 일회성 검사가 아니라 지속적인 개선노력에 관한 것이다[그림 11-3]. **종합적**이란 최고경영층의 강력한 리더십 아래에서 전 종사자가 품질에 관한 여러 노력을 추구하는 것을 의미하고, **품질**이란 조직의 모든 측면에서의 우수성을 뜻하며, **경영**이란 품질의 방침 및 계획을 정하고 조직을 만들어 이것을 전략적과정으로 운영한다는 것을 의미한다.

종합적 품질경영은 기업이 경쟁 우위를 확보하고 품질위주의 기업 문화를 창출하기 위하여 최고경영층을 중심으로 조직구성원의 의식을 개혁하고 고객위주의 관리시스템으로 기업을 경영하는 새로운 경영운동이다.

표 11-2 품질관리 개념의 역사적 변천

품질개념	시대	특징
품질검사 Inspection	20세기 초	균질한 제품의 생산을 목적으로 한 검사과정
통계적 품질관리 Statistical quality control	제2차 세계 대전 전후	샘플링 검사를 통해 '평균 출하 품질 한계'를 설정하고 최대 허용 가능한 불량률을 제시
품질보증 Quality assurance	1960년대 초	고객과 종사자가 품질의 중요한 투입요소임을 인정하고 품질 비용을 줄이기 위한 종합적 품질 통제를 강조
종합적 품질경영 Total quality management	현재	고객만족과 가치 창출을 목표로 최고경영층의 리더십을 통해 조직의 전 부문이 경쟁무기로의 품질을 차별화하고 유지·향상시키는 데 기업의 에너지를 집중

표 11-3 종합적 품질관리와 종합적 품질경영의 차이

구분	종합적 품질관리 TQC: Total Quality Control	종합적 품질경영 TQM: Total Quality Management
대상	현장의 제조 부문	기업 내 전 부문
중심업종	제조업 중심	서비스 부문까지 확산
목표	생산관리면에 국한(불량률 감소, 원가절감, 품질의 균일화)	기술혁신, 불량예방, 원가절감 등을 통한 생산성의 총체적 향상, 고객만족
성격	생산 현장에 정통한 전문가에 의한 관리, 통제 위주	경영전략 차원에서 생산직, 관리자, 최고경영층까지 전사적으로 참여하는 품질운동

3. 종합적 품질경영

종합적 품질경영 total quality management의 목표는 조직의 모든 기능영역에서 지속적 개선을 추구하는 것으로, **고객 중심**, **공정개선**, **전사적 참여**의 세 가지 원칙하에 지속적인 품질개선을 달성하고자 한다. 품질경영이 기업경영혁신이나 기업의 장기적 성장을 위한 도구로 관심을 끌고 있는 것은 경쟁 전략무기로 품질이 중요하다는 인식 때문이다. 품질이 고객에 의해 정의되고 고객만족을 창출하기 위해 제품 또는 서비스 생산과정을 중시하며 인간 위주의 경영시스템을 지향한다는 경영철학에서 출발하였기 때문이다. 우리나라에서는 전사적 품질경영, 총체적 품질경영, 지속적 품질개선 등의 용어로 사용되고 있다.

종합적 품질경영의 구성요소는 다음과 같다[그림 11-4].

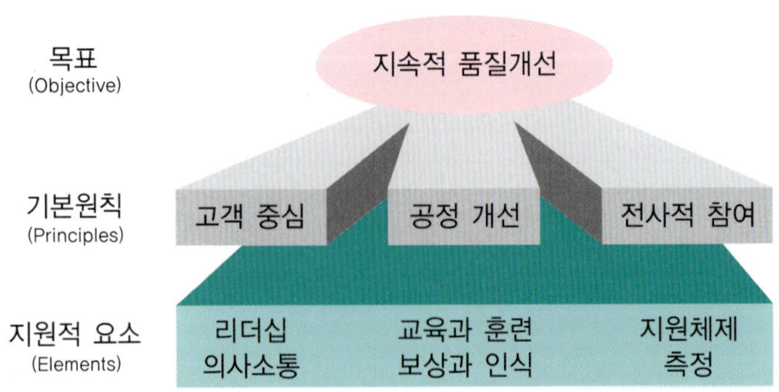

[그림 11-4] 종합적 품질경영의 실행개념

1) 고객 중심

생활수준 향상에 따라 고객의 요구는 예전에 비해 훨씬 고급화 · 다양화되어 고품질의 급식서비스를 원하게 되었다. 고객 중심은 고객이 어떠한 점을 요구하고 있고, 어떠한 점에서 불만족 또는 만족하는지를 파악하는 체계를 확립함을 의미한다[그림 11-5].

고객만족은 **고객이 제품이나 서비스에 들인 비용에 비해 경험 후 느끼는 혜택의 정도를 의미하는 것**으로, 서비스 품질 만족은 구전 의도와 재구매 의도에 긍정적인 영향을 주어 경영목적에 미치는 효과가 크다. **급식소의 고객만족도 조사에는 기호도 평가(기호도 설문조사, 잔반량 조사, 잔반량 측정), 만족도 평가(만족도 설문조사, 스티커 및 구슬 조사)등이 사용**된다.

기호도 조사에서는 **기호척도를 이용하며 3점, 5점, 7점, 9점 척도법으로 평가**한다. 고객만족도 조사에는 제공되는 메뉴에 대해 고객의 의견을 종합 평가하여 메뉴 운영에 반영하며, 메뉴, 가격, 위생, 맛, 음식온도, 질감 등에 대해 설문조사를 실시한다. 잔반량 조사를 통해 음식에 대한 수응도를 측정한다. 이러한 조사에서 나온 결과를 바탕으로 개선을 해나가면 고객만족도를 높일 수 있게 되는 것이다. 내부고객(종업원)의 태도, 음식의 수준과 신뢰도, 분위기, 가격, 인지도(기업이미지) 등의 서비스 품질에 대해 고객이 만족하면 고객충성도가 높아져, 고객의 이탈이 방지되고 최종적으로 기업의 수익을 높여 주주의 만족과 더불어 경영만족을 얻는 기업성과를 이룬다. 이것을 토대로 고객중심 기업문화를 더욱 체질화 하여 고객을 지속적으로 만족시킬 수 있게 된다.

고객충성도

고객충성도란 선호하는 제품이나 서비스를 장기적으로 구매하게 만드는 몰입도, 기업의 지속적인 수익창출에 기여를 말한다.

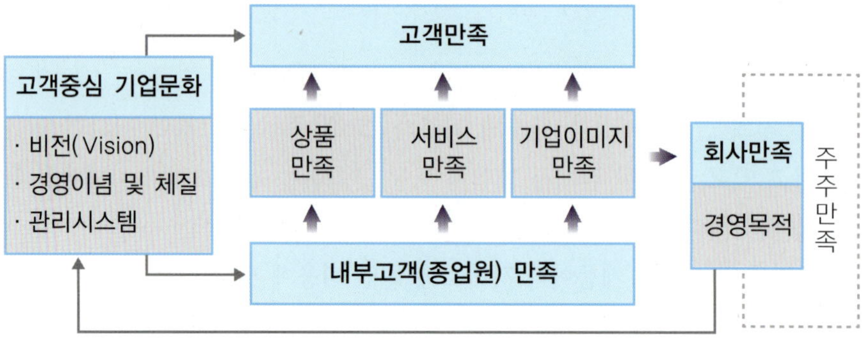

[그림 11-5] **고객만족을 통한 품질경영**

2) 공정개선

음식과 서비스의 품질관리를 수행하는 급식서비스시스템을 구축함에 있어 다양한 관리공정 process을 개발하고 도입하게 되며, 이중에서도 핵심공정 key process을 개발 · 유지하는 과정이 필요하다. 점검결과를 토대로 문제 사항에 대해 보다 구체적인 실행공정을 개발하여 이를 지속적으로 실행하고 모니터링하는 후속조치 follow-up가 필요하다.

3) 전사적 참여

전사적 참여는 **최고경영층의 강력한 리더십 하에 품질관리에 관련된 모든 부서가 품질개선을 위해 유기적으로 협력하는 방식**이다. 조직 내의 종사자뿐만 아니라 공급업체인 협력업체도 포함된다. 전사적 참여가 제대로 이루어지지 않는 경우, 관련 부서 내 또는 부서 간 소통 부족으로 품질개선이라는 전체적인 성과달성에 어려움이 예상된다.

4. 품질인증제도와 품질상

국제품질인증제도에는 ISO 국제품질표준인 ISO 9000, 14000, 22000 시리즈가 있고, 품질 상에는 미국 내 범국가적 품질향상을 위해 제정된 말콤 발드리지 품질대상과 일본에서 시행하는 데밍상이 있다. 국내품질인증과 품질상에는 한국 서비스 품질 우수기업인증제도, 국가품질상, 한국서비스대상 등이 있다. 서비스 품질 인증을 신청한 기업(사업장) 및 기관에 대한 전반적 서비스 품질수준을 진단하고 개선방향을 제시하며, 성과가 탁월한 기업과 기관을 공표하여 기업경쟁력을 높이고 소비자의 삶의 질을 높이기 위해 산업통상자원부가 한국 서비스 품질 우수기업인증제도를 보건서비스의 병원, 공기업, 통신서비스, 유통서비스, 외식서비스 분야 등에 시행하고 있다. 한국표준협회는 국내 서비스 산업의 품질을 세계적 수준으로 발전시키기 위해 한국서비스대상제도를 운영하고 있으며, 한국 실정에 맞는 서비스 품질측정방안으로 개발된 한국서비스품질지수 KS-SQI: Korean Standard Service Quality Index를 매년 산업별, 기업별로 발표하여 동일 산업분야와 기업의 품질수준의 변동 상황을 파악할 수 있게 하고 있다.

쉬어가기 **한국서비스품질지수** KS-SQI

스타벅스 코리아는 한국표준협회가 2017년 발표한 '한국서비스품질지수 Korean Standard-Service Quality Index, KS-SQI' 평가에서 커피전문점 부문 1위를 차지했다. 국내 커피 트렌드를 주도하는 혁신적인 서비스와 사회공헌에도 앞장서는 긍정적인 브랜드 이미지로 소비자들의 호감을 사고 있다. KS-SQI는 한국표준협회와 서울대학교 경영연구소가 국내 서비스 산업과 소비자의 특성을 반영해 2000년 공동 개발한 서비스 품질 만족도 평가 모델이다. 본원적 서비스, 예상 외 부가서비스, 신뢰성, 친절성, 적극 지원성, 접근 용이성, 물리적 환경 등의 7개 요인을 측정해 국내 서비스 산업 전반의 품질 수준을 나타내는 종합지표로 활용되고 있다.

1) ISO 인증제도

국제표준화기구인 ISO International Organization for Standardization는 스위스 제네바에 본부를 두고 있으며, **각국의 공업규격을 조정 · 통일하고 과학적 · 경제적 활동 분야의 협력을 증진하는 것을 목적으로 활동**하고 있다. 산업분야에서 필요한 표준화 작업은 해당 국가 단체에서 충분한 의견 수렴을 거쳐 국제규격으로 승인되고 '국제표준 International Standard' 에 실린다.

(1) ISO 9000 시리즈

ISO 9000 시리즈는 **제품의 생산 및 유통과정 전반에 걸쳐 국제규격을 제정한 소비자 중심의 품질보증제도**이다. 1976년 영국의 품질인증기관인 영국표준협회 BSI ; British Standards Institution의 발의로 1987년 모든 산업에서 인정받았다. 국내제품의 해외 수출시 ISO 9000의 인증을 요구하는 사례가 늘고 있어 공업진흥청은 ISO 9000 시리즈를 KS규격에 채택하고 인증기관을 지정해 1993년부터 시행하고 있다. ISO 9000은 단순히 제품의 품질규격 합격 여부만을 확인하는 일반 품질인증과는 달리 해당제품이나 서비스의 설계에서부터 생산시설, 시험검사, 애프터서비스 등 전반에 걸쳐 규격준수 여부를 확인해 인증해 주는 제도이다.

쉬어가기 기업의 ISO 인증 사례 1

김가네가 ICR 국제인증원으로부터 ISO 9001 품질경영인증을 획득하였다. ISO란 한 기업이 제품개발, 제조, 서비스에 대한 품질을 고객에게 보증할 수 있는 능력을 보유하고 있음을 국제표준화 기구의 규격에 맞게 국제적으로 인증 받는 제도로 ICR 국제인증에는 외식 프랜차이즈의 경영관리와 함께 고객지원 서비스의 개선내용까지 포함되어 있다. 마케팅 · 조직관리 · 연구개발 R&D · 제조 생산 부문의 생산성 향상과 외식사업의 표준화 및 서비스 관리를 위해 꾸준한 경영활동을 전개해 온 김가네는 이번 ISO 9001 인증 획득을 통해 외식 서비스 운영에 대한 이 같은 활동을 인정받게 되었다. 이번 인증을 통해 김가네는 '김가네 김밥'과 '쭈가네'의 가맹점에 공급하고 있는 식재료들에 대한 품질관리기준을 대폭 강화하고 CK(중앙조리시설)에서 제조되는 품목의 종류를 확대하기 위해 기존 시설들을 대폭 교체할 예정이다. 또한 협력업체의 품질검사기준을 대폭 강화, 맛과 품질에 대한 소비자 만족도를 한층 향상시킨다는 방침이다. 아울러 김가네는 제조공정 업무의 표준화, 외식 프랜차이즈 사업의 다양화, 제반 조직의 시스템 역량 강화를 통해 선진화된 외식 프랜차이즈 기업으로 한 단계 업그레이드할 수 있을 것으로 기대하고 있다. 김가네 김용만 회장은 "이번에 ISO 인증을 획득함에 따라 국내뿐 아니라 해외 진출 시 더욱 경쟁력 있는 브랜드로의 위상을 펼쳐 나아갈 것"이라고 밝혔다. 한편 김가네는 중소기업 경영인부문 신지식인 업체와 경영 혁신형 중소기업 인증도 획득한 바 있다.

(2) ISO 14000 시리즈

ISO 14000 시리즈는 환경보증제도로 국가마다 다르게 운영되어 오던 **환경 관리에 대한 방법 및 체제를 통합하기 위해 제정된 국제적인 환경규격**이다.

쉬어가기 기업의 ISO 인증 사례 2

(주)놀부NBG(대표 김순진)가 국제표준화기구 ISO가 제정한 환경경영시스템(ISO 14001) 국제규격 인증을 획득했다. 이번 인증 획득은 한국품질재단KFQ심사를 통해 이뤄졌다. ISO 14001은 기업 활동의 전반에 걸친 환경경영시스템을 평가해 객관적인 입증을 부여하는 것으로, 기업이 단순한 해당 환경법규 또는 규제기준 준수 차원을 넘어 환경경영방침, 추진계획, 점검 및 시정조치, 경영자 검토 후 지속적 개선 등 포괄적인 환경경영을 실시하고 있는지를 평가하고 인증한다. (주)놀부NBG는 이번 ISO 14001 인증 획득을 계기로 음성공장의 환경경영시스템 모델을 전국 매장 등 전사적으로 확대, 전파해 나갈 방침이다. (주)놀부NBG 대표 김순진 회장은 "ISO 14001 인증 획득은 저탄소 녹색성장의 사회적 책임을 다하는 데 있어 중요한 동기가 될 것"이라며 "친환경시스템은 업무 효율도 높이고 고객의 건강을 지키는 두 마리 토끼"라고 말했다.

(3) ISO 22000 식품안전경영시스템

국제표준화기구 ISO에서 2005년 9월 1일 식품안전경영시스템 요구사항의 국제적인 조화를 목적으로 식품기술위원회가 제정 작업을 주도하여 국제식품규격위원회Codex의 위해 요소 중점관리기준인 HACCP **원칙과 품질경영시스템 ISO 9001을 통합**하고 국제식품안전협회GFSI ; Global Food Safety Initiative 및 영국소매협회BRC ; British Retail Consortium 등 식품안전 관련 국제기구들이 참여하여 공동으로 개발한 국제규격이다.

ISO 22000 **식품안전경영시스템 인증**은 **식품안전경영시스템 조직이 인적·물적 자원을 활용하여 식품안전위해요소를 관리하고 식품안전경영을 실현하는 데 적합하도록 구축한 시스템으로 제 3자가 적합함을 증명하는 행위**라고 할 수 있다. ISO 22000 식품안전경영시스템의 구축은 매뉴얼 형태의 정형화된 시스템을 바탕으로 자발적 참여를 유도함으로써 중장기적인 기업경영 전략과 연계하여 효과적인 식품안전경영시스템을 구축하고 기업 경쟁력을 확보할 수 있게 한다.

> **쉬어가기 식품안전 경영시스템(ISO 22000) 인증 사례**
>
> 이탈리아에서 젤라또 원료, 젤라또 머신, 커피원두, 커피시럽, 커피머신 등 각종 카페 관련 원료, 장비를 국내 독점 수입·유통하며 중국 등에 수출하고 있는 ㈜케이엘통상(대표 구순우)은 식품안전부분의 국제규격인 '식품안전 경영시스템(ISO 22000)' 인증을 획득했다.
>
> 식품안전 경영시스템 인증은 식품의 모든 취급 단계에서 발생할 수 있는 식품안전 위해요소를 효과적으로 관리하기 위해 국제표준화기구(ISO)에서 개발한 국제표준화 규격이다.
>
> 케이엘통상은 뚜레쥬르에 까놀리(아이스쿠키롤), 롯데월드어드벤쳐에 캡슐 젤라또 퀵샷과 까놀리, 청주국제공항의 파리바게뜨 매장에 캡슐 젤라또 퀵샷과 까놀리 등을 론칭하고 까놀리 제품을 학교급식으로도 납품하고 있다.

2) 말콤 발드리지 품질대상

품질의 중요성에 대한 인식을 고취시키고 성공한 품질전략과 기법을 미국 내 기업에 전파하여 품질 향상에 대한 지침서와 기준을 설정하기 위한 범국가적 운동의 일환으로 제정되었다. 평가기준은 리더십, 전략적 계획, 고객과 시장지향, 정보와 분석, 인적자원의 개발과 관리, 공정관리, 사업성과 등 7가지 범주이다.

5. 서비스 품질의 이해

1) 서비스 품질의 중요성

서비스 품질은 **서비스 고유 특성이 고객 및 이해관계자들의 요구사항을 충족시키는 정도로 정의**된다(ISO, 국제표준화기구). 고객의 요구와 실제 제공되는 서비스가 만나는 접점에서의 품질관리는 무엇보다 중요하다.

서비스 산업의 경우 제조업과 달리 생산과 소비가 동시에 이루어지므로 미리 시험해 보기 어렵고, 품질을 통제하기 어려운 면이 있다. 따라서 품질개선을 위한 사전적이고 지속적인 노력이 요구된다. 고객의 요구에 부응하는 품질 달성을 최우선 목표로 삼고, 조직구성원의 폭넓은 참여와 효과적인 의사소통을 통한 서비스 품질과 업무수행방법의 지속적인 개선이 필요하다. 또한 고객만족도를 극대화함으로써 시장에서 경쟁적 우위를 확보할 수 있다. 이와 같이 품질에 대한 기본개념과 종합적 품질경영의 구성요소를 파악하여 급식품질경영에 적용하는 것이 급식서비스 품질경영의 목적이다.

2) 서비스 품질의 유형

(1) 기술적 품질과 기능적 품질

상품은 가시적 형태를 지니고 있으므로 상품의 물리적인 속성이 설계 규격에 부합하는지를 통해 객관적 품질수준을 평가한다. 그러나 서비스 품질은 불가시적 무형성인 특징을 가지고 있으므로 고객이 주관적 지각에 의존하여 평가하게 되기 때문에 객관적 평가가 어렵다. **그뢴루스** Grönroos는 서비스 품질을 무엇 what에 해당하는 **기술적 품질** technical quality인 **결과품질** outcome quality과 서비스가 이루어지는 **과정품질** process quality인 어떻게 how에 해당하는 **기능적 품질** functional quality로 나누어 설명하였다. 그는 고객이 서비스 기업과의 상호작용에서 무엇을 어떻게 제공받는가가 쌓여 서비스에 대한 하나의 이미지를 형성하고 그 결과 서비스의 총체적 품질수준이 결정된다고 하였다. 고객이 서비스 기업과 상호작용을 통해 무엇 what을 제공받는가에 대한 것은 **기술적 품질**에 해당하는데, 판매자와 상호작용 후 서비스와 관련하여 고객에게 남는 것이어서 **결과품질**이라고 한다. **기능적 품질**은 고객이 서비스를 어떻게 how 제공받는가에 대한 것으로, 서비스 제공과정에서 고객이 경험하는 것이므로 **과정품질**이라고 한다. 서비스가 제공될 때 서비스 제공자와 고객 간의 상호작용은 고객이 마음속으로 기대하던 서비스에 대한 품질 평가를 내리는데 결정적 역할을 하는데, 이를 **진실의 순간** moment of truth ; MOT이라고 한다 [그림 11-6].

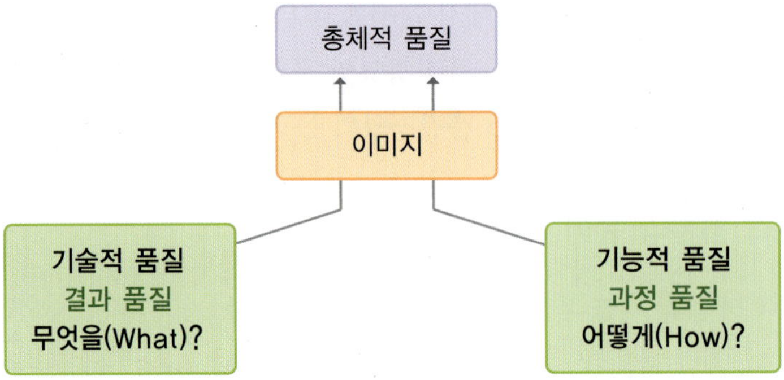

[그림 11-6] 품질수준의 인지

진실의 순간 Moments of Truth

고객과 종사자 간의 서비스 접점에서의 상호작용은 고객의 마음 속에서 기대하던 서비스에 대한 품질을 평가하는 것에 결정적 역할을 하므로, 이를 진실의 순간 Moments Of Truth ; MOT이라 한다. 이 용어는 노만 Normann이 고객과 서비스 제공자 사이의 상호작용을 일컫는 말로 처음 사용되었고, 스칸디나비아 항공사의 최고경영층이었던 칼슨 Carlzon이 서비스산업의 고객만족 기법으로 도입하였다. 그는 이 진실의 순간이 서비스 품질에 대한 명성을 높일 수 있는 중요한 관리 포인트가 된다는 점에 착안하여 서비스의 접점을 집중적으로 관리하도록 하였으며, 이를 '고객접점 관리'라고 하였다. 일선종사자들의 우수한 서비스수행과 이를 뒷받침해 줄 수 있는 서비스조직이 고객접점 관리의 성패를 좌우하므로, 종사자 훈련을 강화하고 서비스시스템을 구축할 필요가 있다. 고객과 서비스 제공자와의 상호작용에서 진실의 순간이 어떻게 다루어지며 서비스 제공자가 어떻게 기능을 수행하는가가 기능적 품질의 좋은 예이다.

(2) 사회적 품질

사회적 품질은 **신용품질**이라고 할 수 있으나 측정하거나 평가하기가 매우 어렵다. 사회적 품질은 **고객과 사회에 안전한 상품을 계획하고 전달하는 것과 관련**이 있다. 기업은 사회에 안전한 상품을 전달할 의무가 있으며, 사회적 품질을 고려하는 것이 장기적으로 그 회사에 대한 좋은 이미지를 형성하는 데 도움이 된다.

6. 서비스 품질의 평가

고객은 **구전, 개인적 욕구, 과거 경험**에 의하여 서비스 구매 이전에 서비스에 대한 기대를 가진다. 이러한 기대와 소비자들이 실제로 제공받는 서비스의 성과인지를 비교하여 서비스 품질을 인식한다. 고객들은 자신이 인지한 서비스 품질이 당초 기대수준보다 높으면 서비스 품질에 대해 만족하게 되는 반면, 기대수준보다 낮을 경우 불만족하게 되어 재소비할 가능성이 작아진다[그림 11-7].

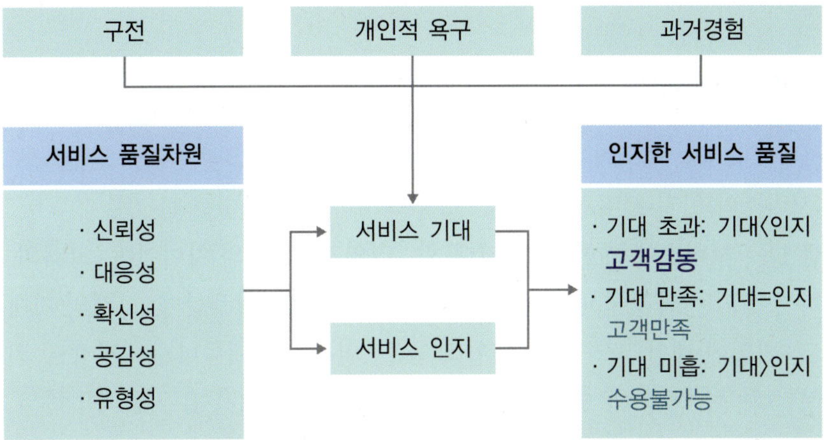

[그림 11-7] **인지 서비스의 품질**

1) 서비스 품질의 차원

서비스 품질은 고객이 인식하는 형태에 따라 다음과 같이 다섯 가지로 설명할 수 있다.

신뢰성 reliability은 약속한 서비스를 정확하고 신뢰할 수 있는 수준으로 제공할 수 있는 능력을 의미한다. 정확한 계산, 정시에 서비스 전달 등 서비스를 일관성 있게 수행하는 것을 말한다.

대응성 responsiveness은 고객을 기꺼이 도와주고 신속한 서비스를 제공하겠다는 의지와 준비성을 의미한다. 고객을 기다리게 하는 경우 뚜렷한 이유를 설명해 주거나 서비스 실패가 발생했을 때 신속하게 회복할 수 있는 능력을 갖추는 것이다.

확신성 assurance은 믿음과 확신을 주는 직원의 능력뿐만 아니라 그들의 지식과 호의를 의미한다. 서비스수행능력, 고객에 대한 정중함, 고객과 효과적인 의사소통, 서비스제공자가 진심으로 고객에게 관심을 쏟는 것을 말한다.

공감성 empathy은 고객에 대한 배려와 개별적인 관심을 보일 준비를 갖추는 것을 의미하며, 고객의 요구를 이해하기 위한 접근가능성, 민감성, 노력을 보이는 것을 말한다.

유형성 tangibles은 서비스제공자의 세심한 관심과 배려를 나타내는 유형적 증거를 의미하며, 물리적 시설, 종사자 외모, 설비 및 도구, 통신의 확보 등을 말한다.

2) 서비스 품질의 갭

서비스업계를 선도하는 기업에서는 고객에 대한 피드백과정의 일환으로 기대 서비스와 인지 서비스 간의 갭 gap을 측정하고 있다[그림 11-8].

갭 1은 **'서비스에 대한 고객 기대'와 '경영자 인식'의 차이**이며, 고객의 기대가 형성되는 과정에 대한 경영자의 이해 부족으로 발생한다. 고객의 기대는 광고, 기업에 대한 과거경험, 개인적 욕구, 친구와의 커뮤니케이션 등에 의해 형성된다. 이 갭을 해소하기 위한 전략은 변화되는 고객 욕구를 파악하는 것으로 시장조사의 강화, 경영자와 고객 접촉, 직원 간의 의사소통 촉진 등을 들 수 있다.

갭 2는 **'경영자 인식'과 '서비스 품질표준'의 차이**이고, 경영자가 고객이 원하는 바를 알고는 있으나 그들이 원하는 것을 전달해 줄 수 있는 서비스 품질표준 specification이 개발되어 있지 않을 때 발생한다. 이러한 갭은 경영자의 참여가 부족할 때, 고객의 기대를 충족시키는 것이 불가능하다고 인식할 때, 서비스 품질의 목표가 설정되어 있지 않을 때, 업무의 표준화가 잘 되어 있지 않을 때 발생할 수 있다. 이 갭을 해소하기 위한 전략은 고객의 욕구를 서비스 품질표준으로 옮기는 것이다. 또한 목표를 명확히 하여 종사자들에게 받아들여질 수 있도록 하며, 서비스 증진을 위해 직원들과 업무수행 결과를 검토하여 효율적인 개선 방안을 모색하고 좋은 성과에 대한 보상체계를 마련해야 한다.

갭 3은 **'서비스 품질표준'과 '서비스 전달수준'의 차이**이고, 실제 서비스 전달수준이 설정된 품질표준에 미달될 때 발생한다. 경영자는 고객의 욕구를 이해하고 구체적으로 서비스를 전달할 능력이 없거나 기꺼이 하려고 하지 않을 때 발생하는 갭이다. 갭 3은 종사자와 고객 간의 접점에서 발생한다. 이 갭은 유능한 종사자의 확보, 훈련, 모니터링, 작업조건의 개선, 보상체계 등을 내부마케팅 프로그램을 통해 축소시킬 수 있다.

갭 4는 **'서비스 전달' 과 '외부의사소통' 의 차이**이고, 기업이 광고 등 고객과 외부 의사소통을 통하여 실제보다 많은 것을 제공하겠다고 약속한 경우에 발생할 수 있다. 이러한 공약들은 고객들의 기대수준을 높이기 때문에 실제 서비스 제공수준이 약속한 수준에 미치지 못할 때 고객들은 불만을 갖게 된다. 따라서 마케팅관리자들은 기업이 광고나 캠페인을 통해 제공하겠다고 약속한 서비스를 제대로 전달할 수 있는지를 확인해야 한다.

갭 5는 **'서비스에 대한 고객 기대' 와 ' 서비스 인식' 의 차이**이며, 고객이 서비스에 대해 기대하는 정도와 서비스를 제공받은 후 그 서비스에 대해 인식한 정도의 차이이다. 갭 5는 갭 1에서 갭 4까지의 크기에 따라 달라진다.

갭 5 = (갭 1, 갭 2, 갭 3, 갭 4)

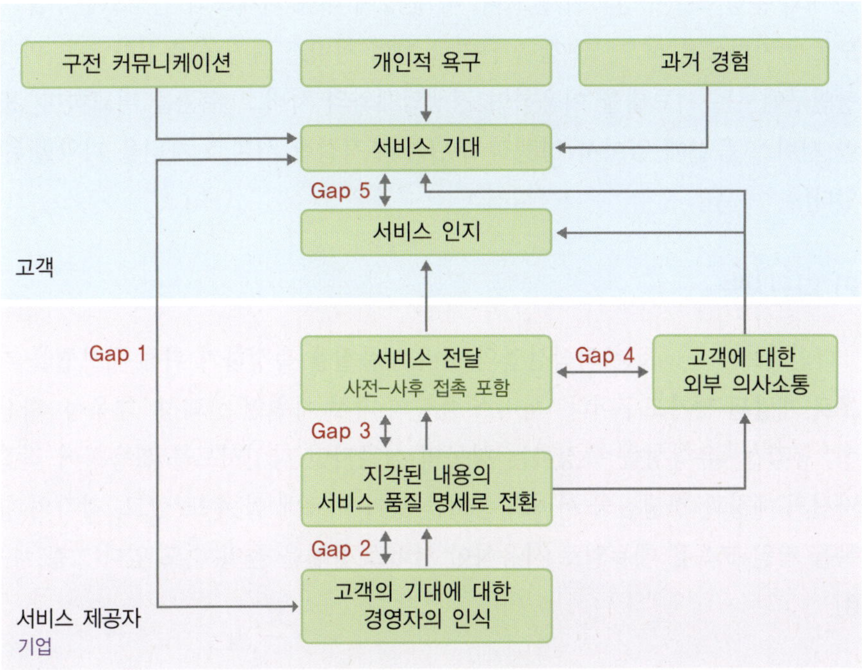

[그림 11-8] **서비스 품질 갭 모델**

고객의 기대수준은 주위로부터 얻은 정보, 개인적 욕구, 과거경험에 따라 달라지므로 기대수준에 대한 관리도 필요하다. 기대된 서비스의 질과 실제 인식된 서비스의 차이에 따라 다음과 같이 만족과 불만족이 결정된다.

고객의 만족도 = 인지도perception − 기대도expectation

- 불만족한 고객[(−)의 만족도]: 기대도 > 인지도
- 만족한 고객[(+)의 만족도]: 기대도 < 인지도

7. 서비스 품질의 측정

1) 서브퀄

자이다믈Zeithaml 등에 의해 개발된 **서브퀄SERVQUAL**은 서비스 품질의 다섯 가지 차원인 **신뢰성**, **대응성**, **확신성**, **공감성**, **유형성**[205p 참조]을 측정하는 22개의 문항으로 구성되어 있으며, 각 문항에 대해 기대도와 인식도를 7점 척도로 평가하도록 하고, 그 갭을 근거로 하여 서비스 품질을 측정하였다. 마케팅연구에서는 서브퀄을 이용하여 경쟁업체와의 서비스 수준을 비교하며, 또한 서비스 품질에 있어서 경쟁적 우위와 부적절한 서비스 차원을 파악할 수 있다[표 11-4].

2) 다인서브

다인서브DINESERV는 외식산업의 서비스 품질을 측정하기 위해 서브퀄을 기초로 개발된 평가도구이다. 서비스 품질의 다섯 차원인 신뢰성, 대응성, 확신성, 공감성, 유형성을 측정하는 항목의 설문지인 다인서브를 활용하여 직접 자신의 매장과 경쟁점의 서비스 품질을 평가 비교해 볼 수도 있고, 각각의 항목을 직원 교육용 매뉴얼로 사용하여 서비스 품질을 높일 수도 있다[그림 11-9].

표 11-4 서브퀄 부분발췌

Part A. 기대도

1. 우수한 레스토랑은 최신 설비를 갖추어야 한다.

매우 동의하지 않음 보통 매우 동의함
①……………②……………③……………④……………⑤……………⑥……………⑦

2. 우수한 레스토랑은 시각적으로 보기에 좋아야 한다.
3. 우수한 레스토랑은 직원의 복장이 단정하여야 한다.
4. 우수한 레스토랑은 적절한 시설과 분위기를 갖추어야 한다.

……

20. 우수한 레스토랑의 직원들은 고객에게 개인적 관심을 가져야 한다.
21. 우수한 레스토랑은 고객의 이익을 진심으로 생각해 주어야 한다.
22. 우수한 레스토랑은 고객의 필요에 맞게 운영시간을 조정해 주어야 한다.

Part B. 인식도

1. ABC 레스토랑은 최신 설비를 갖추고 있다.

매우 동의하지 않음 보통 매우 동의함
①……………②……………③……………④……………⑤……………⑥……………⑦

2. ABC 레스토랑은 시각적으로 보기에 좋다.
3. ABC 레스토랑은 직원의 복장이 단정하다.
4. ABC 레스토랑은 적절한 시설과 분위기를 갖추고 있다.

……

20. ABC 레스토랑의 직원들은 고객에게 개인적 관심을 가진다.
21. ABC 레스토랑은 고객의 이익을 진심으로 생각한다.
22. ABC 레스토랑은 고객의 필요에 맞게 운영시간을 조정한다.

이 레스토랑은...

(전혀 아니다…① / 아니다…② / 보통이다…③ / 그렇다…④ / 매우 그렇다…⑤)

1. 주차장이 잘 확보되어 있고 건물의 외관이 좋다. ········ ① ② ③ ④ ⑤
2. 식당의 미관이 보기 좋다. ········ ① ② ③ ④ ⑤
3. 종사자가 단정하고, 깔끔하며, 알맞은 복장을 갖추었다. ········ ① ② ③ ④ ⑤
4. 레스토랑의 이미지와 가격대에 맞는 실내장식이 되어 있다. ········ ① ② ③ ④ ⑤
5. 메뉴가 읽기 쉽게 명시되어 있다. ········ ① ② ③ ④ ⑤
6. 메뉴판은 레스토랑의 이미지를 시각적으로 잘 반영하고 있다. ········ ① ② ③ ④ ⑤
7. 식당이 편안하고 내부에서 이동이 용이하다. ········ ① ② ③ ④ ⑤
8. 화장실이 청결하다. ········ ① ② ③ ④ ⑤
9. 식당이 청결하다. ········ ① ② ③ ④ ⑤
10. 의자가 편안하다. ········ ① ② ③ ④ ⑤
11. 서비스가 적정시간 내에 이루어진다. ········ ① ② ③ ④ ⑤
12. 실수가 있으면 바로 수정된다. ········ ① ② ③ ④ ⑤
13. 신뢰할 수 있는 서비스가 일관되게 제공된다. ········ ① ② ③ ④ ⑤
14. 정확한 고객관리가 이루어진다. ········ ① ② ③ ④ ⑤
15. 주문한 음식이 정확하게 서비스된다. ········ ① ② ③ ④ ⑤
16. 바쁜 시간에는 종사자들을 이동 배치하여 서비스가 지체되거나 품질이 떨어지지 않도록 한다. ········ ① ② ③ ④ ⑤
17. 신속한 서비스를 제공한다. ········ ① ② ③ ④ ⑤
18. 고객의 특별한 요구가 있을 때에는 별도로 이를 따르기 위해 노력을 기울인다. ········ ① ② ③ ④ ⑤
19. 종사자들이 고객의 질문을 완벽하게 대답해 줄 수 있다. ········ ① ② ③ ④ ⑤
20. 고객을 대할 때 편안하고 신뢰가 느껴지도록 한다. ········ ① ② ③ ④ ⑤
21. 종사자가 메뉴의 음식, 재료 및 조리방식에 관한 정보를 제공하며 그러한 의지를 갖고 있다. ········ ① ② ③ ④ ⑤
22. 종사자가 고객에게 안정감을 느끼게 한다. ········ ① ② ③ ④ ⑤
23. 종사자가 잘 훈련되어 있으며 유능하며 경험이 풍부하다. ········ ① ② ③ ④ ⑤
24. 종사자들은 자신들의 업무를 잘 수행하기 위한 노력을 하는 것 같다. ········ ① ② ③ ④ ⑤
25. 종사자가 정책이나 절차보다는 고객 개인의 요구에 맞춰 준다. ········ ① ② ③ ④ ⑤
26. 고객에게 특별한 기분을 느끼게 해 준다. ········ ① ② ③ ④ ⑤
27. 고객의 개인적인 요구를 미리 예측하여 처리한다. ········ ① ② ③ ④ ⑤
28. 문제가 발생했을 때 종사자들이 진심으로 사과하고 문제를 해결한다. ········ ① ② ③ ④ ⑤
29. 고객들을 신심으로 대하는 것 같다. ········ ① ② ③ ④ ⑤

[그림 11-9] 다인서브

부록

경영이론의 발전과정

찾아보기

참고문헌

1. 경영이론의 발전과정

경영이론에 대한 학문적 기초가 형성된 시기는 19세기 말에서 20세기 초로, 시대와 환경이 변화하는 상황에서 시대의 문제를 해결하고 새로운 접근방법을 발견하여 새로운 이론을 세웠고 다른 해결방법을 찾음으로써 진보하고 공헌하는 과정으로 발전하였다. 경영이론의 발전과정은 고전적 경영이론, 행동이론, 계량 경영이론, 현대 경영이론의 네 단계로 요약할 수 있다[표 1].

[표 1] **경영이론의 사상가 및 이론 개요**

<table>
<tr><th colspan="2">경영이론</th><th>주요사상가</th><th>내용</th></tr>
<tr><td rowspan="8">고전적
경영이론
(1890년~)</td><td rowspan="5">과학적
관리이론</td><td colspan="2">조직의 능률과 관리과정의 효율화를 위한 과학적인 접근방법 제시</td></tr>
<tr><td>테일러</td><td>시간연구와 동작연구, 과업관리, 차별 성과급제</td></tr>
<tr><td>간트</td><td>과업 상여급제, 간트차트</td></tr>
<tr><td>길브레스
부부</td><td>동작연구, 서블릭 분석</td></tr>
<tr><td>포드</td><td>컨베이어벨트시스템, 동시관리시스템</td></tr>
<tr><td rowspan="2">관리일반
이론</td><td colspan="2">조직의 규모나 형태에 관계없이 모든 조직에 보편적인 관리원칙 제시</td></tr>
<tr><td>페이욜</td><td>관리직능과 경영이론</td></tr>
<tr><td>관료이론</td><td>베버</td><td>관료이론</td></tr>
<tr><td rowspan="6">행동이론
(1930년~)</td><td colspan="3">인간의 행동에 대한 종합적인 이해가 필요함</td></tr>
<tr><td>인간
관계론</td><td>메이요
뢰스리그버거</td><td>호손실험
공식 조직과 비공식 조직</td></tr>
<tr><td rowspan="4">행동과학
이론</td><td>매슬로우</td><td>욕구계층이론</td></tr>
<tr><td>허즈버그</td><td>이요인이론</td></tr>
<tr><td>맥그리거</td><td>XY이론</td></tr>
<tr><td>아지리스</td><td>미성숙·성숙이론</td></tr>
<tr><td colspan="2" rowspan="4">계량 경영이론
(1960년~)</td><td colspan="2">경영 현상을 수학적 모델에 기초하여 과학적으로 접근하는 방법</td></tr>
<tr><td>단치히</td><td>선형계획법</td></tr>
<tr><td>노이만,
모겐스턴</td><td>게임이론</td></tr>
<tr><td>차이맨, 킴볼</td><td>시뮬레이션</td></tr>
</table>

경영이론	주요사상가	내용
현대 경영이론	유기적 조직에서 보편적인 원리보다 동적인 환경상황에 적합한 관리기술	
	바나드, 사이먼	시스템이론(1950년~)
	피들러	상황적합이론(1960년~)
	오우치	Z이론
	피터	카오스이론

1) 고전적 경영이론

고전적 경영이론에서는 인간은 합리적이며 경제적 욕구 충족을 위해 행동한다는 것을 바탕으로 사람들이 경제적 동기를 중심으로 행동한다는 가정이 기본이 되고 있다.

(1) 과학적 관리이론

과학적 관리이론은 1900~1910년대에 테일러에 의하여 형성된 최초의 과학적 이론이다.

① 테일러

과학적 관리이론의 창시자인 **테일러** Frederick Winslow Taylor는 규칙적인 생활을 하고 커피도 마시지 않는 까다로운 성격의 소유자로, 경영자와 작업자 사이에서 생기는 분쟁은 작업자들의 **과업** task이 제대로 설정되어 있지 않아서 발생하는 것으로 보았다. 테일러는 작업자들이 적당히 일하려는 경향이 있음을 알고 작업수행에 과학적인 방법을 적용하여 생산성을 개선하고자 노력하였다.

그는 **스톱워치** stop watch를 사용한 **시간연구** time study 및 **마이크로필름**을 이용한 **동작연구** motion study와 같은 과학적인 작업 연구를 실시하였다. 이에 따라 작업자들에게 공평한 하루의 작업량(과업)을 부과하고 작업수행 방법이 기재된 **작업지시표**를 받도록 하였다. **과업**을 달성한 종사자들의 성과는 높게 적용하고 과업을 달성하지 못한 작업자에게는 낮은 임금을 적용하는 **차별 성과급제**를 고안하였는데, 이러한 테일러의 관리원칙을 **과업관리**라고 부른다.

테일러는 **고임금**과 **저노무비**를 기본이념으로 고용주와 종사자의 만족을 동시에 꾀하려고 하였고, 과업관리를 위해 **과학적 관리이론의 4가지 원칙**[부록 214p 참조]을 제시하였다. 오늘날 테일러의 과업관리는 비인간적인 제도라는 비판을 받으며 사용되지 않고 있다.

과학적 관리이론의 4가지 관리 원칙

1. 공정한 1일 최대 과업량

- 불필요한 동작, 느린 동작 및 허위동작 등을 제거하고 동작경제의 원칙에 의해 작업을 성실하게 수행할 때 작업자가 하루에 생산할 수 있는 작업량을 측정함
- 과업을 측정하는 방법은 **작업분석, 시간 및 동작연구** 등에 의한 과학적인 방법으로 **표준시간**을 설정하고 표준시간 동안의 적정 과업을 설정함

2. 표준화된 작업조건

- 작업자가 과업을 능률적으로 수행할 수 있도록 모든 작업시설과 조건, 작업수행방법을 표준화시킴

3. 성과에 대한 고임금 지급

- 과업을 수행하였을 때 높은 임금을 지급

4. 실패에 대한 손실 부담

- 과업달성이 미달될 때 작업자 자신이 손실을 부담

② 간트

간트 Henry Gantt는 테일러와 함께 미드베일 철강회사에서 일했으며 테일러의 사상을 지지한 사람으로 프로젝트수행에 있어서 계획과 실제 달성한 내용을 한눈에 검토할 수 있는 **간트차트** Gantt Chart의 창안자로 잘 알려져 있다[부록 215p 참조]. 이 차트는 오늘날 PERT Program Evaluation and Review Technique나 CPM Critical Path Method과 같은 네트워크 공정표의 시초가 되었다. 또한, 간트는 테일러의 차별 성과급제도를 보안하여 **과업 상여급제(보너스 지급제도)**라고 하는 독특한 임금 형태를 고안하였다. 과업 상여급제는 성과를 초과 달성하면 그에 상응하는 상여금을 지불하고, 성과가 표준 미만일 때에도 기본 임금을 보장해 주는 특징이 있다.

간트차트 Gantt chart

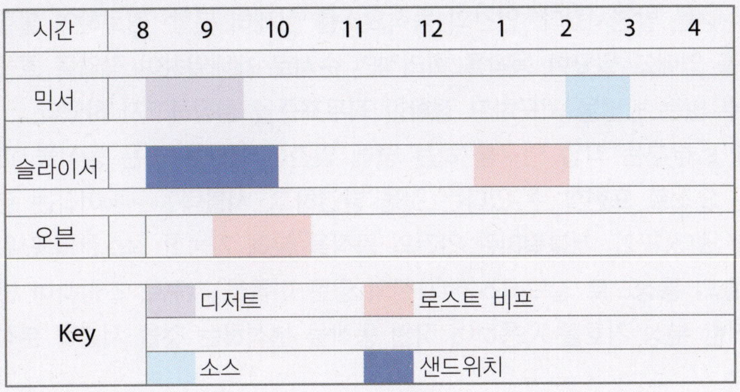

PERT Program Evaluation and Review Technique

공사의 실행계획을 세울 때 어떠한 방법으로 어떠한 공정의 방법을 쓰면 인원이나 자재를 낭비 없이 배치할 수 있고, 공사 기간을 단축할 수 있는가를 해명하는 **공정관리**의 기법을 말한다. 복잡한 공사계획을 공정마다 풀어서 이것을 그물눈과 같은 관련 그림으로 만들고, 작업 순서나 작업 진행상황을 한눈에 볼 수 있도록 만들어 공사 일정과 납기를 산출해 내는 데 좋은 방법이다.

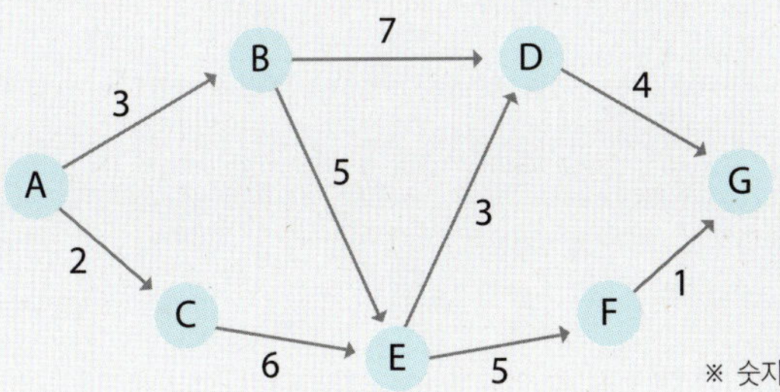

※ 숫자는 소요시간

작업이 A에서 시작하여 G에서 완료된다고 가정하였을 때 전체 작업의 소요시간은 최장작업경로(A→B→E→D→G)에 의해 규정된다. 이와 같은 최장작업경로를 크리티컬 패스 critical path라 하며, 이 크리티컬 패스를 단축하는 것이 일정을 단축하거나 또는 납기를 엄수하는 데 있어 매우 중요하다.

CPM Critical Path Method

네트워크를 중심으로 한 논리구성으로 프로젝트를 일정기일 내에 완성시키고, 해당계획이 원가의 최소값에 의해 보증되는 최적 스케줄을 구하는 관리방법을 말한다. 켈리 James E. Kelley와 워커 Morgan R. Walker를 중심으로 한 연구집단이 1957년 Project Planning and Schedule System으로 개발하였으며 건설 및 설계를 포함하는 복잡한 작업에 이용하여 그 효과를 발휘했다. 이 방법을 PERT/CPM이라 부르고 PERT 원리와 병용하여 사용한다.

③ 길브레스 부부

길브레스 부부 Frank and Lillian Gilbreth는 테일러의 시간 및 동작연구를 보충하는 **동작연구** motion study를 발전시켰다. 인간의 동작요소를 상세히 분할·검토하여 불필요한 동작 요소를 없애고 필요한 동작을 합리적인 순서로 재배열하여 작업을 효율적으로 수행할 수 있는 방법을 시도하고 정확한 **직무표준**을 설정하고자 하였다.

또한 길브레스 부부는 작업 연구를 하는 중에 인간이 행하는 모든 동작을 18가지의 기본적인 요소로 표현할 수 있다는 것을 발견하고, 서블릭 Therblig이라는 분석 기호를 고안해 냈다[표 2]. **서블릭**이란 인간의 동작을 분해 가능한 최소한의 단위로 나눈 분석 기호의 통칭으로 길브레스가 자신의 영문 이름을 거꾸로 조합하여 만든 용어이다. 이러한 분석 기호를 사용하여 작업 동작을 분석하는 것을 **서블릭 분석**이라고 부른다.

[표 2] 서블릭 Therblig 분석 기호

번호	명칭	기호		설명	색상	색별기호
1	찾음 search	Sh		눈을 돌려 찾음	검정색	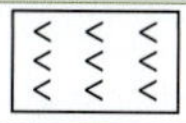
2	선택 select	St		목적물을 지시	엷은 회색	
3	쥠 grasp	G		쥐고자 하는 손동작	짙은 적색	
4	빈손을 움직임 Transport empty	TE		빈손을 이동	황록색	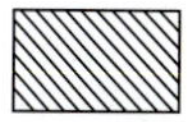
5	손에 쥐고 움직임 Transport loaded	TL		물건을 가진 손을 이동	녹색	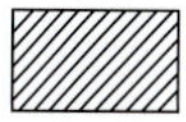
6	갖고 있음 Hold	H		쥔 동작	황백색	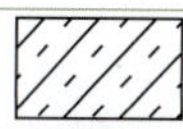
7	쥐고 있는 것을 놓음 Release load	RL		쥐고 있는 물건을 놓음	적색	
8	위치를 바로 잡음 Position	P		정해진 위치에 놓음	청색	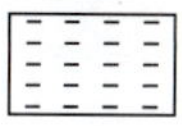
9	준비함 Pro-position	PP		주동작 'P'의 준비동작	엷은 청색	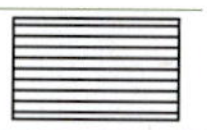
10	검사 Inspect	I		렌즈로 조사	황갈색	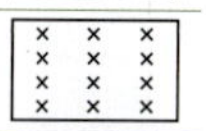
11	조립 Assemble	A		몇 개의 물건을 하나로 함	짙은 자주색	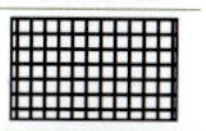
12	분해 Disassemble	DA		조립된 물건을 흐트림	엷은 자주색	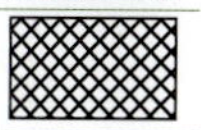
13	사용 Use	U		도구를 사용	적자색	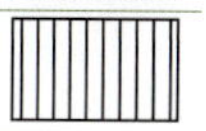
14	불가피한 지연 Unavoidable delay	UD		사람이 걸려 넘어짐	황토색	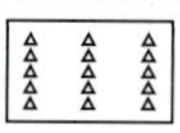
15	피할 수 있는 지연 Avoidable delay	AD	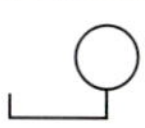	사람이 자기 뜻대로 잠을 잠	엷은 노랑색	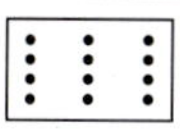
16	계획, 생각 Plan	Pn		사람이 머리에 손을 대고 생각	갈색	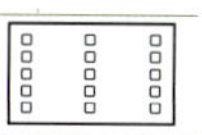
17	피로 회복을 위한 휴식 Rest	R		사람이 의자에 허리를 걸치고 쉼	오렌지색	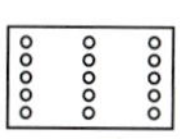

* 원래의 서블릭 기호에는 '발견 find F' 동작이 포함되어 총 18개의 기호들로 구성되어 있었으나 이 동작은 '찾음 search'이나 '선택 select'의 종료 동작으로 볼 수 있다는 이유로 제거되어 현재는 17개의 기호가 사용되고 있음

④ 포드

포드 Ford는 테일러주의의 계승자는 아니지만 과학적 관리법을 공장의 대량생산 시스템에 적용시킨 것으로 유명하다. 그는 자동차 생산공장에서 생산능률을 향상시키기 위해 **컨베이어벨트시스템** conveyor belt system을 고안하여 **이동조립작업** moving assembly line에 의한 **동시관리시스템**을 구축하고 제품의 **규격화** standardization, 공정의 **전문화** specialization, 작업의 **단순화** simplification의 **3S 운동**을 통해 대량생산의 획기적인 계기를 마련하였다.

포드는 기존의 기업개념을 부인하고 기업을 사회봉사기관으로 보는 경영철학에 근본을 두었고, 대량 생산공장에서 동시에 이루어지는 작업의 능률을 향상시켜 종사자에게는 고임금, 소비자에게는 **저가격**으로 판매하는 원칙을 기본정신으로 하였다. 이를 **포디즘** fordism 또는 **포드주의**라고 부른다. [표 3]에서는 테일러의 과업관리와 포드의 동시관리를 비교하고 있다.

[표 3] **과업관리와 동시관리**

구분	과업관리 Taylorism	동시관리 Fordism
목적	• 개별 생산공장 • 제작공정에서 관리기술의 합리화가 목적	• 연속으로 생산되는 공장에서 능률 향상과 관리의 합리화가 목적
기본정신	• **고임금, 저노무비**	• **저가격, 고임금**
기본원리	1. 최고의 과업 결정 2. 표준화된 조건 3. 성공에 대한 보상 4. 실패 시 노동자에게 손실	1. 영리주의 부인 2. 봉사주의 3. 경영의 자주성 강조 4. 경영을 공동체로 봄
수단과 방법	과업관리 합리화 1. 시간연구 2. 직능적 조직 3. 차별적 성과급 4. 작업지시표	동시관리 합리화 1. 생산의 표준화 2. 이동조립법 3. 일급제 급여 4. 대량 소비시장 필요

(2) 관리일반이론

관리일반이론을 주장한 프랑스 학자 **페이욜** Henri Fayol은 '경영관리론'의 아버지로 불린다. **최고경영층**의 관점에서 조직을 관리하는 데 필요한 관리의 일반 원칙론을 기술하였으며, 이는 오늘날 관리이론의 기초가 되었다.

페이욜은 관리를 '여러 가지 과업을 수행하는 과정'으로 정의하고 관리활동의 세부기능에 대해 **계획, 조직, 지휘, 조정, 통제**의 다섯 가지를 처음으로 제시하였으며, 관리활동을 위한 일반원칙으로 **14가지 관리원칙(분업, 권한과 책임, 규율, 명령일원화, 지휘일원화**, 조직이익 우선, 보상제도, **집권화**, 연결계층, 질서, 공정성, 안정성, 창의성, 단결심)을 주장하였다. 이중에서 분업의 원칙, 권한과 책임의 원칙, 명령일원화의 원칙, 계층조직의 원칙 등은 오늘날까지도 사용되고 있다.

(3) 관료이론

관료이론은 19세기 말 독일의 사회학자인 **베버** Weber가 주장한 이론으로 경영학이나 사회학 분야에 많은 영향을 주었다. 베버는 **관료조직**을 원칙, 질서, 합법적 권위에 기초한 가장 효율적이며 이상적인 조직으로 보고, 이를 통해 행정의 문제점을 해결하고 생산성을 향상시킬 수 있다고 하였다. 이와 같은 관료조직에서는 능률적인 자원 활용이 가능하며 종사자와 고객을 공평하게 대할 수 있다는 장점이 있어 정부와 군대에서 이용되고 있다. 그러나 조직 내부의 지나친 형식주의와 문제처리의 경직성, 변화에 대한 저항, 종사자에 대한 무관심 등이 문제로 제기되었다.

2) 행동이론

고전적 경영이론은 조직을 **폐쇄시스템**으로 가정하고 환경요인의 영향을 부정하였으며, 인간 행동에 대해서 기계적인 모델을 도입하여 종사자를 통한 능률 증대에 관심을 두었으나 작업장에서 인간의 문제와 생산능률을 해결하지 못하는 한계가 나타나게 되었다. 결국 과학적 관리이론은 인간을 기계와 같이 취급한 것으로 간주되어 비판을 받게 되었다. 이를 보완하기 위해 1930년대에 이르러 조직 내에서 인간의 행동에 영향을 미치는 다양한 요소들을 강조하는 행동이론이 등장하였다. 행동이론에는 **인간관계론**과 **행동과학이론**이 있다.

(1) 인간관계론

인간관계론은 기존의 물적 요소를 강조하던 관리 사고의 일대 변화를 가져온 이론으로 생산 능률에 있어서 인적 요소가 크게 작용하고 있다는 것을 입증하였다. 인간관계론의 발달에 직접적인 계기가 된 것은 1924년부터 1932년까지 약 8년 동안 시카고 근교 서부전기회사 Western Electric Company의 호손 공장에서 실시된 **호손실험** hawthorne studies이다. 호손실험에서는 산업능률과 인간관계를 규명하기 위하여 4단계 실험을 실시하였다. 실험내용은 [표 4]와 같다.

[표 4] 호손의 4단계 실험

단계	실험 명	내용
1차 실험	조명실험 (1924~1927년)	• 조명도 및 작업장의 물리적 조건이 작업자의 생산능률과는 상관이 없음을 규명 • 공장 내 조명상태, 소음, 습도 등과 같은 작업장의 물질적 환경이 작업자들의 작업능률에 미치는 영향을 알아보기 위한 실험
2차 실험	계전기조립실험 (1927~1929년)	• 작업자의 물리적·경제적 조건 등의 작업여건개선이 생산성 향상에 절대적인 영향을 미치지 않는 것을 알게 됨 • 작업 관련 요인(임금제도, 간식의 제공, 작업환경의 개선, 작업시간 단축, 휴식시간 조절 등)의 개선이 생산성에 미치는 영향을 알아보기 위한 실험
3차 실험	면접프로그램 (1928~1930년)	• 상사의 감독방법, 작업조건, 작업환경 등에 관한 면접조사를 실시 • 작업장의 사회적 조건과 심리적인 조건이 종사자들의 태도와 생산성에 영향을 준다는 결과를 도출
4차 실험	배전기권선 관찰실험 (1931~1932년)	• 자연발생적으로 형성된 비공식 조직의 존재가 작업 성과에 커다란 영향을 미치고 있음을 파악 • 3차 실험결과를 확인하기 위해 실시한 실험으로 종사자 상호 간의 인간관계에 대하여 조사한 실험

결과적으로 호손실험은 물리적 조건이 산업의 능률을 좌우한다는 당시의 가설을 뒤엎고 종사자의 사기나 조직구성원의 만족과 같은 인적 요인들이 조직의 성패를 좌우한다는 결과를 얻었다. 인간의 상호관계도 **공식 조직** formal organization보다는 자연발생적인 **비공식 조직** informal organization의 행동기준에 따라 이루어짐을 알게 되었다. 또한 1930년대 이후 인간관계개선에 중점을 둔 리더십, 인사상담제도, 사기 조사, 의사소통, 제안제도 등의 경영관리기술의 등장에 영향을 주었다.

(2) 행동과학이론

행동과학이론 organizational behavior은 인간관계론을 바탕으로 심리학, 사회학, 문화인류학, 정신분석학, 수학, 생물학 등 여러 학문 분야에서의 다양한 성과를 종합하여 조직 내의 인간 행동이라는 하나의 과제에 초점을 두고 모든 영역에 통용될 수 있는 인간 행동의 보편적 원리를 발견하고자 하는 새로운 학문 분야이다.

행동과학 분야의 사고방식은 고전적 경영이론과는 거의 정반대의 입장을 취하고 있다. 이 학파의 사람들은 인간의 행동을 복잡한 대상이자 관리의 중요한 측면으로 보고 종사자의 **동기부여**를 강조하였으며 리더십이론이나 **직무만족**, **직무설계**에 대한 현대적 이해에 크게 기여하였다. **행동과학이론의 사상가와 이론**으로는 **매슬로우** Maslow의 **욕구계층이론, 허즈버그** Herzberg의 **이요인이론, 맥그리거** Mcgregor의 **XY이론, 아지리스** Argyris의 **미성숙·성숙이론** 등이 있다[Chapter. 06 참조]. 이 이론의 사상가들은 인간의 행동을 관리의 중요한 관점으로 보고 종사자의 동기부여를 강조하였으며 리더십이론, 직무만족, 직무설계에 영향을 주었다. 그러나 행동과학이론은 복잡하고 추상적이며 익숙하지 않은 행동의 개념들이 존재하여 예측하기 어려운 인간의 행동을 지나치게 단순화시키고 있다는 지적을 받게 되었다.

3) 계량 경영이론

행동과학이론이 전개되고 있는 시기에 학자들은 경영에서 의사결정 문제를 쉽게 해결할 수 있는 계량적 기법에 대한 연구를 하였다. **계량 경영이론** operations research은 1960년대부터 널리 쓰이기 시작한 기법으로, 경영 현상을 과학적이고 객관적으로 분석하며 수학적 모델에 기초를 둔 과학적인 접근 방법을 이용하여 조직 내에서 일어나는 작업상의 문제와 인간의 문제를 해결하는 것이다. 계량 경영이론에는 **선형계획법** linear programming, **게임이론** game theory, **시뮬레이션** simulation 등이 있다[표 5].

[표 5] **계량 경영이론과 내용**

계량 경영이론	내용
선형계획법	• 의사결정시에 가장 효율적으로 사용 • 조직의 목적으로 위해 제한된 자원을 효과적으로 알맞게 배분할 수 있도록 수학적 모델을 적용하여 방법을 찾아내는 기법
게임이론	• 시장점유율에 대한 결정을 할 때 많이 사용 • 최대를 얻고 최소를 잃는 전략을 구사하는 것 • 합리적으로 행동하는 경쟁자 간의 경쟁 상태를 모형화하는 수리적 접근법으로 경쟁이 심한 기업 활동의 의사결정과정에 적용
시뮬레이션	• 운영에 방해 없이 작업과정 등에 변화를 줄 때 나타날 수 있는 문제점을 예측하고 해결해 주는 방법 • 실제 상황에서 어떻게 되는지를 모형을 만들고 컴퓨터를 이용하여 문제의 성질, 행동, 운영 특성 등을 연구하고 문제를 해결하는 방법
대기이론	• 줄을 서서 기다리는 것과 관련된 이론 • 서비스산업에서 고객이 기다리거나 작업이 지연되는 문제점을 해결하는 것이 주 관심대상

4) 현대 경영이론

고전적 경영이론과 행동이론은 경영학의 발전에 큰 공헌을 하였으나 최근의 급변하는 경영 환경에서 기업경영의 방향을 제시해 주기는 어렵다. 기업의 환경적인 요소가 동적으로 변하면서 적절한 예측에 의한 대안 제시가 어려워지며 새로운 접근법과 논리들이 필요하게 됨에 따라 현대 경영이론이 등장하였다. 현대 경영이론에는 **시스템이론**과 **상황이론**이 있다.

(1) 시스템이론

시스템이론 system approach은 오늘날과 같이 급격하게 변화하는 환경 속에서 경영자가 작업 집단이나 개별 조직에 국한되지 않고 조직 내·외부를 둘러싼 환경과 그 상호작용에 대해 폭넓게 접근해야 한다는 이론이다. 바나드 Barnard와 사이먼 Simon 등을 통해 발전되었으며, 시스템이론은 **개방시스템** open system과 **피드백** feedback 개념을 통해 경영이론의 발전에 크게 기여하였다.

시스템이란 기능적 단위로 이루어진 여러 개의 독립된 구성인자 또는 개체가 전체적 목표를 효과적으로 달성하기 위해 유기적으로 연결되어 상호작용하는 통합체라 할 수 있다. 시스템의 구성요소로는 첫째, 통합된 전체 unitary whole, 둘째, 이를 구성하고 있는 부문 parts of elements, 셋째, 부문들 사이 및 전체와 부문들 간의 상호연관성 interrelationship의 세 가지 요소가 있다[그림 1].

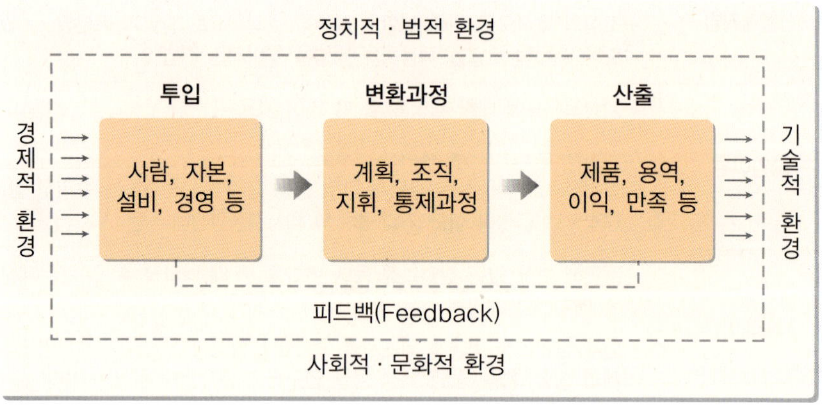

[그림 1] **시스템이론**

시스템적 접근방법이란 **상호연관성**이나 **상호의존성**을 가진 부문들의 결합체를 하나의 시스템으로 파악하려 하는 접근 방법을 말한다. 급식시스템 모형 역시 이러한 시스템이론을 급식경영학 분야에 도입한 것으로 급식소 하위시스템과 급식소

조직 간의 유기적 관계, 급식소를 둘러싼 환경과의 영향 요인 등을 파악하는 데 필요한 개념을 제시하고 있다.

(2) 상황적합이론(상황이론)

1960년대 초 영국과 미국에서 등장하기 시작한 **상황적합이론** 또는 **상황이론** contingency theory, situational theory은 추상적인 시스템이론을 더욱 발전시켜 보다 현실적인 접근을 시도하는 경영학의 새로운 방법론이며, 1980년대 이후부터 본격적으로 전개되었다. 과거의 경영 이론에서는 보편타당한 원리를 찾고자 하였지만 급변하는 기업환경 속에서 모든 상황에 그대로 적용되는 경영 이론이란 존재하기 어렵다. 그러므로 기업이 처해 있는 상황에 따라 가장 적합한 원리를 적용해야 한다는 결론에 도달하게 되었다. **상황이론**은 환경 또는 상호요인을 조건 변수로 하고 조직의 내부 특성변수와 조직성과의 관계를 특정화하려는 이론이다. 상황적합의 개념은 환경의 불확실성과 불안정을 인정하고 전통적, 시스템적, 행동적 관점을 환경변화라는 관점으로 통합시킨 접근 방법이라고 해석할 수 있다[그림 2].

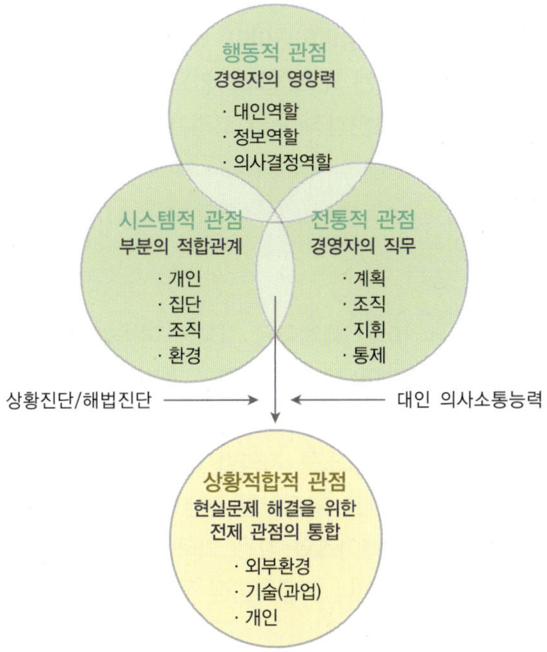

[그림 2] 상황적합이론

(3) Z이론

Z이론은 1981년 **오우치** William Ouchi가 개발한 이론으로 미국의 경영 접근 방식과 일본의 경영 접근 방식을 혼합하려는 시도에서 나온 접근 방식이다. 일본의 기업경영은 종신 고용, 느린 평가와 승진, 전문화되지 않은 경력개발 경로, 전체적인 의사결정, 조직 전체에 대한 관심으로 정의할 수 있다. 이에 비해 미국의 기업경영은 단기고용, 올바른 평가, 전문화된 경력개발 경로, 개인 의사결정, 분화 관심 등으로 정의할 수 있다. 오우치는 미국식 경영을 A형, 일본식 경영을 J형으로 이름을 붙이고 미국의 사회 규범과 가치, 문화를 유지하면서 일본식 경영의 유용성을 증가시킨 경영개념을 Z형이라 부르게 되었다. 미국식 경영접근인 Z이론은 장기고용, 합의적 의사결정, 개인적 책임, 느린 평가와 승진, 비공식적 통제와 공식적 측정, 적절히 전문화된 경력경로가 특징이다. 그러나 Z이론은 일본의 경제가 어려워지면서 더 이상 각광을 받지 못하게 되었다.

(4) 카오스이론

카오스 chaos **이론**은 큰 사회시스템에서 항상 안정된 시스템 상태일 수 없는 조직의 불안정성을 수용하는 새로운 경영이론이다. 경영이론이 조직의 안정적인 상태에서의 선형관계 중심이었던 것과는 대조적으로 카오스이론은 시스템 자체의 불안정성을 인정하는 비선형관계, 상호인과적 순환 고리가 중심이 되고 있다.

5) 경영의 신조류

(1) 글로벌경영

글로벌경영 global management이란 세계화된 시장에 적용하기 위한 경영 원리로 '제품과 서비스의 생산, 판매뿐만 아니라 구매, 연구 개발, 인사 관리 등의 경영활동이 한 나라 안에서 국한되지 않고 국경을 초월하여 이루어지며, 각국에 분산되어 있는 인력, 자본, 설비 등의 생산 요소를 지역별 비교 우위에 따라 전략적으로 활용함으로써 사업의 영역을 전 세계로 확장하는 경영방식'이다. 글로벌 경영의 대표적인 예는 맥도날드, TGI 프라이데이즈와 같은 외국계 패스트푸드점, 패밀리 레스토랑 등에서 볼 수 있는 **라이센싱**이나 **프랜차이징** 등이다.

라이센싱

공여기업과 수혜기업 간 계약을 체결하고 계약 하에 공여기업이 보유하고 있는 특허, 노하우, 브랜드, 등록상표, 기술공정 등의 상업적 자산권을 사용할 수 있는 권리를 수혜기업에 제공하고 일정한 로열티, 수수료 등을 받는 계약협정을 말한다.

프랜차이징

영업본부가 가맹회사에게 상표의 사용권을 허가해 주고 품질관리 및 경영방식, 기업의 조직 및 운영, 마케팅 등을 지원해 주는 방법으로 라이센싱에 속하는 형태라고 볼 수 있으나 보다 강력한 통제가 가능하며 직접 관리하거나 통제하는 것을 말한다.

국내에는 롯데리아와 같은 패스트푸드점, 피자 전문점, 아이스크림 업체, 커피 전문점, 양념통닭 체인 등이 시장에 진출하였고 외국계 패밀리 레스토랑의 등장으로 업종과 규모가 확대되었다.

(2) 경영 혁신기법

현대조직을 경영하는 경영자의 직무수행 방식을 변화시키고 있는 최근의 경영 혁신기법으로는 **전략경영, 정보경영, 지식경영, 윤리경영, 종합적 품질경영** total quality management ; TQM, **식스시그마** 6-SIGMA 등이 있다[표 6].

[표 6] 현대의 경영이론과 내용

구분	주요내용	
전략경영	• 기업이 장기적인 목표를 실현하기 위해 기본적인 목표와 방향을 설정하고 이를 달성하기 위한 각종 정책, 프로그램들을 수립하여 이를 통해 자원을 배분하는 경영활동	
	핵심역량 전략 Core competence	• 기업들이 보유한 핵심역량을 찾아내어 집중투자를 하고 다른 기능은 **아웃소싱**과 다른 기업과 제휴하는 방법을 모색하는 전략
	리스트럭처링 Restructuring	• 기업의 경쟁력 강화와 비전달성을 목표로 전사(全社)적인 차원에서 사업구조를 재구축하는 기법
	리엔지니어링 Reengineering	• 시장환경에 맞는 혁신적이고 급격한 개선을 위해 경영과정을 과감하게 단축하고 신속하게 처리하기 위해 업무방식을 새롭게 디자인하여 기업경영의 질을 높이려는 방법
정보경영	기업의 경쟁력을 강화하기 위해 정보자원과 정보기술을 효과적으로 이용하여 경영활동을 수행하는 것	
	e-비즈니스 e-business	• 컴퓨터 네트워크를 통해 디지털 프로세스로 이루어지는 비즈니스로 인터넷의 발전으로 조직체 내 인트라넷이나 엑스트라넷 등 전자 네트워크를 구축하는 기법
	e-커머스 e-commerce	전자상거래라고 함 • B2B business-to-business: 기업과 기업 간 거래 • B2C business-to-consumer: 기업과 소비자 간 거래 • C2C consumer-to-consumer: 소비자와 소비자 간 거래
	전사적 자원관리 Enterprise Resource Planning ; ERP	• 기업의 기본적인 업무인 주문 처리, 제품 설계, 구매관리, 생산관리, 재고관리, 인적자원관리, 대금 수령, 수요 예측 등 모든 자원을 컴퓨터시스템을 활용하여 조직 전체의 최적화를 가장 우선으로 활동하게 하는 전자시스템
지식경영	• 기업구성원이나 개인이 부서가 갖고 있는 지식을 최대한 발굴하여 기업의 모든 경영활동에 지식을 공유하고 조직 전체의 문제해결능력을 비약적으로 향상시키는 경영방식	
윤리경영	• 기업이 법적 책임 준수는 물론 법의 취지나 사회통념에 입각한 윤리적 기준에 입각하여 경영활동을 하는 것	
종합적 품질경영	• 조직구성원을 합리적으로 관리하고 과학적인 품질관리 기법을 활용하여 조직 내 모든 절차를 표준화하고 지속적으로 개선하여 고객만족을 달성하기 위한 경영시스템	
식스 시그마 6-sigma	• 프로세스 수준을 균일하게 만들고 향상시킴으로써 고객만족을 실현하고 재무적 성과를 얻도록 하는 혁신적인 품질개선 운동 • 통계적 의미의 식스시그마 품질이란 100만 개당 3.4개의 불량수준(3.4ppm)을 의미하지만 현실적으로는 '완벽한 품질' 또는 '무결점'을 나타내며, 경쟁력 향상을 위한 식스시그마의 개념은 고객감동을 위해 기업 활동의 모든 낭비 요소를 제거하기 위한 경영자와 종사자의 적극적인 노력을 나타냄	

기업의 사회공헌활동 사례

Welstory 사회공헌:
Welstory는 지속적이고 특화된 사회공헌활동을 통해 어린이의 꿈을 실현하고 이웃들에게 따뜻한 마음을 나누며, 나아가 자연과 인간이 함께 어우러지는 생활환경을 만들어 모든 사람들이 더 나은 삶을 영위할 수 있도록 노력하고 있습니다.

Welstory의 사회공헌활동은 크게 세 가지 테마로 나뉩니다.

첫째, 행복한 가족과 밝은 미래를 위한 어린이지원활동입니다.
Welstory는 "학교종이.www" 프로그램으로 전국 곳곳의 작은 학교에서 상대적으로 문화적 소외를 받고 있는 어린이들에게 올바른 식문화 전파와 문화예술 공연을 통해 꿈과 희망을 전하는 Welstory만의 특화된 사회공헌활동을 하고 있습니다.

둘째, 이웃과 함께하는 행복한 사회 만들기를 위한 프로그램입니다.
Welstory는 "이웃사촌" 프로그램을 통해 독거노인을 위한 1팀 1가정 봉사활동으로 임직원 모두가 소외된 이웃을 매주 찾아가 반찬지원, 집 수리, 나들이 등의 활동들을 하고 있으며 "1사1촌" 프로그램에서는 경기도 여주 그린투어마을인 광대리와 자매결연하여 특산물(쌀, 고구마, 배 등) 구매, 주민 초청 행사, 농번기 노력 봉사 등 다양한 방법으로 농촌마을의 경쟁력을 높이기 위해 노력하고 있습니다.

셋째, 사업의 특성을 살린 특화봉사활동입니다.
Welstory는 전국 20여 개 전문 봉사팀이 봉사처를 방문, 업의 특성을 살린 급식 봉사활동을 활발히 펼쳐나가고 있으며 매년 여름 장마, 태풍으로 인한 수해 발생 시 수해지역 복구 및 무료급식지원 활동 등을 꾸준히 실시하고 있습니다.

참고문헌

- 곽동경 · 류은순 · 이혜상 · 홍완수 · 장혜자(2007), 급식경영학(개정판), 신광출판사
- 곽동경 · 류은순 · 이혜상 · 홍완수 · 장혜자(2010), 개정 급식경영학, 신광출판사
- 김영규(2006), 경영학원론, 박영사
- 김주연 외(2004)
- 김혜영 · 임양이 · 고성희 · 송용혜 · 전영옥(2004), 급식경영학, 교문사
- 박수연(2003), QFD 기법을 이용한 병원 위탁 급식운영평가 및 전략수립, 연세대학교 대학원 석사학위논문
- 노승종 · 오세경 · 이승창(2013), 경영학의 이해, 한경사
- 박성수 · 황호영 · 김공수 · 이경근 · 전명숙(2012), 디지로그시대의 인적자원관리, 박영사
- 박영배(2003), 현대경영학원론, 교우사
- 박은성(1996), 현대 경영학원론, 박영사
- 서도원, (2012), 인적자원관리, 대경
- 서인덕 · 김윤상(1998), 경영학원론, 문영사
- 서인덕 · 김윤상(2005), 현대경영학, 문영사
- 송은경(2003)
- 신민식 · 권중생(2006), 경영의 이해, 법문사
- 양일선 · 차진아 · 신서영 · 박문경(2009), 개정판 급식경영학, 교문사
- 월간 식품저널 7월호(2013), 식품저널 편집부, 식품저널
- 윤지현 · 주나미 · 윤지영 · 류시현 · 배현주(2012), 급식경영(개정판), 파워북
- 윤훈현(1998), 현대경영학, 청록출판사
- 이명강(2002)
- 이명강(2006) Take-out 전문점의 고객 세분화 전략: Cafe Amoje 이용 고객을 중심으로 외식경영연구 9(1):153-172
- 이민아(2004), 학교급식운영 품질 평가를 위한 도구의 개발과 표준화, 연세대학교 박사학위논문
- 이보숙 · 양일선 · 박진영 · 김현아(2004), 위탁급식계약 개발전략수립을 위한 업체선정요인 분석, 한국조리과학회지, 20(5): 423~435
- 이상문(2002), 개정 신경영과학, 형설출판사
- 이승주(2000), 경영전략 실천매뉴얼, 시그마컨설팅그룹
- 이원우 · 서도원 · 이덕로(1998), 경영학원론(개정판), 박영사
- 이유재(2013) 서비스마케팅, 학현사
- 이재규(2005), 알기 쉬운 경영학의 이해, 박영사

- 이해영(2002), 패밀리레스토랑 업체의 조직문화와 조직구성원 특성에 따른 종합적 품질경영전략의 운영수준 분석, 연세대학교 대학원 박사학위 논문
- 이해영 · 양일선(2004), 패밀리 레스토랑업체에서의 조직관련 변수에 따른 종합적 품질경영 수행 모형 제안, 한국관광학회 29(3): 209~219
- 임익순 · 소영일(1989), 현대 경영학원론, 박영사
- 임창희(2006), 경영학원론, 학현사
- 전용수 · 임태순 · 강대석(2006), 현대경영학의 개관, 법문사
- 정라나(2001), 대학교 급식의 운영전략을 위한 식수예측 모델 개발, 연세대학교 대학원 석사학위논문
- 정수영(2000), 신경영학원론, 박영사
- 정준화(2001), 경영학원론, 세경사
- 조경동(2004), 현대경영학원론, 형설출판사
- 조동성(2004), eMBA-생생경영학, 도서출판 휴넷
- 조동성(2010), 21세기를 위한 경영학, 서울, 서울경제경영출판사
- 조희영(2005), 현대경영학원론, 민영사
- 지호준(2000), 알기 쉽게 배우는 21세기 경영학, 법문사
- 최미경(2005), 특급 호텔의 내부 브랜딩 수행 수준이 식음료 조리부서 조직구성원의 브랜드 조직 동일시에 미치는 영향, 연세대학교 대학원 박사논문
- 하정수 · 장문호(2012), 처음 접하는 경영학, 서울, 청람
- AMA(1960), Committee on Definitions, American Marketing Association, p.21
- Berger, E., Ferguson, D.H. & Woods, R.(1987), How restaurants makes decisions. Cornell Hotel and Restaurant Administration Quarterly, 27(4): 49~57
- Berry, L.L., Zeithaml, A.V. & Parasuraman, A.(1985), "Quality Counts in Services, Too", Business Horizons, May~June
- Byers, B., Shanklin, C.W., Hoover, L.C. & Puckett(1994), Food service manual for health care institutions, IL:American Hospital Publishing
- Chase, R.B. & Aquilano, N.J.(1992), Production and operations management: A life-cycle approach, 4th ed, Homewood, IL: Richard, Irwin
- Drucker, P.F.(1954), The practice of management, NY: Harper & Row
- Evas JR, Berman B (1992): Marketing, 5th ed., Macmillan college Publishing Co
- Fintel, J.(1989), Restaurant cultures: Positive cultures can keep companies healthy, Restaurants USA, 9(10): 12~16
- Foulkes F.K. & Morgan, H.(1977), Organizing and staffing the personnel function, Harvard Business Review, May-June, 56: 146
- Gray, D.H.(1986), Uses and misuses of strategic planning, Harvard Business Review, July-August: 89~96

- Greffin, R.W.(1999), Management, 6th ed, MA: Houghton Mifflin
- Gregoire MB(2013), Foodservice Organizations, A Managerial & Systems Approach(8th Edition). New Jersey, Spears Education, Inc
- Griffin, R.W.(1997), Fundermentals of Management. Boston, M.A. : Houghton Mifflin Company
- Gronroos, C.(1984), A service quality model and its marketing implications, European Journal of Marketing
- Hackman, J.R.(1977), Work design, In Hackman, J. R. & Suttle, J.L.(Eds.), Improving life at work: Behavioral science approaches to organizational change. Glenview, IL: Scott, Foresman
- Hersey, P., Blanchard, K. & Johnson, D.E.(1996), Management of organizational behavior: Utilizing human resources, 7th ed. Wpper Saddle River, NJ: Pentive Hall
- Huber, G.P.(1980), Managerial decision making, Scott Foreman & Co
- Kast, F.E. & Rosenzweig, J.E.(1985), Organization and management: A systems and contingency approach, 4th ed, NY: McGraw-Hill
- Keiser, J.R. & DeMicco, J.F.(1993), Controlling and analyzing costs in foodservice operations, 3rd ed, Englewood cliffs, NJ : Prentice Hall
- Keiser, J.R.(1989), Principles and practices of management in the hospitality industry, 2nd ed, NY: Van Nostrand Reinhold
- Khan, M.A.(1991), Concepts of foodservice operations and management, 2nd ed, NY: Van nostrand Reinhold
- Kohntz, H.& Weinrich. H.(1990), Essentials of Management. 5th ed., McGraw-Hill, inc.
- Likert, R.(1961), New patterns of management, NY: McGraw-Hill
- Loomba, N.P, Management(1978), A quantitative perspective, New York: Macmillan
- Lovelock, S.H. & Young, R.F.(1979), Look to consumers to increase productivity, Harvard Business Review, May~June: 176
- Mintzberg, H.(1981), Organization design: fashion of fit? Harvard business Review, 59(1): 103~116
- Mondy, R.W. & Premeaux, S.R.(1993), Management: Concepts, practices and skills, 6th ed, MS: Allyn & Bacon
- Narver, J.C. & Slater, S.F.(1990), The Effect of a market orientation on business profitability, Journal of Marketing, October: 20~35
- National Restaurant Association Educational Foundation(2007), Hospitality and

restaurant management: Competency guide, NJ: Prentice hall

- New York Evas JR, Berman B(1992): Marketing, 5th ed., Macmillan college Publishing Co
- Pannel, D.V.(1990), School foodservice management, Van Nostrand Reinhold
- Pesci, P.H., Spears, M.C. & Vaden, A.G.(1982), A method for developing major responsibilities and performance standards for foodservice personnel, NACUFS Journal, 4: 17~21
- Philip Kotler, Kevin Lane Keller, Mairead Brady, Malcolm Goodman, Torben Hansen, et al(2009), Marketing management, Prentice Hall
- Powers, T.(1988), Introduction to management in the hospitality Industry. 3rd ed, NY: John Wiley & Sons, Inc
- Powers, T.(1988), Introduction to management in the hospitality industry, 5th ed, NY: John wiley & Sons, Inc
- Schermerhorn, J.R.(1996), Management, 5th ed, NY: John Wiley & Sons
- Sherman, A.W., Snell, S. & Bohlander, G.W.(1997), Managing human resources, 11th ed, OH: South-Western Publishing
- Spears(2000), Foodservice Organizations : A Mamagerial and systems Approach, 4th ed, Nj: Prentice Hall
- Spears, M.C. & Gregoire, M.B.(2004), Foodservice organization: A managerial and systems approch, 5th ed, NJ: Prentice Hall
- Spears, M.C. & Gregoire, M.B.(2007), Foodservice organization: A managerial and systems approach, 6th ed, NJ: Prentice Hall
- Spears(1995)
- University of Minnesota(1977), Minnesota Satisfaction Questionnaire
- U.S. Department of Labor, Employment and Training Administration(1991), Dictionary of occupational titles, 4th ed, Washington DC: U.S. Government Printing Office
- Urwick, L.F.(1938), Scientific principles and organizations, Institute of Management series, No. 10. NY: American management association
- Uyterhoven, H.E.(1992), General managers in the middle, Harvard Business Review, 70(2): 75~85
- Warner, M.(1994), Noncommercial, institutional, and contract foodservice management, NY: John Willey & Sons, Inc
- Weihrich, H. & Koontz, H.(1998), 경영관리(개정판), 김세영(역), 범한서적
- Weller, N.(1992), Preparing written job descriptions, Restaurants USA, 12(2): 20~23

- Zeithaml VA, Bitner MJ(2000): Service marketing, 2nd ed., Mcgraw-Hill co.,
- 뉴스와이어 http://www.newswire.co.kr
- 대한영양사회 http://www.dietitian.or.kr
- 동아일보 http://news.donga.com
- 법제처 국가법령정보센터 http://www.law.go.kr/main.html
- 브런치 https://brunch.co.kr
- 삼성 웰스토리 http://www.welstory.com
- 식품외식경제신문 http://www.foodbank.co.kr
- 아워홈 http://www.ourhome.co.kr
- 월간식당 http://month.foodbank.co.kr
- 예약부도 근절 캠페인 https://noshowno.modoo.at/
- 조선비즈 http://biz.chosun.com/
- 조영탁의 행복한 경영 이야기 http://www.happyceo.co.kr
- 통계청 한국표준직업분류 http://kostat.go.kr

찾아보기

ㄱ

ㅈ

영양사 시험을 대비한

급식경영학

발 행 일	2014년 9월 1일 초판 발행 2021년 2월 15일 2개정판 발행
지 은 이	김옥선·권수연·김숙희·김병숙
발 행 인	김홍용
펴 낸 곳	도서출판 효일
디 자 인	SDM Design
주 소	서울시 중구 다산로 46길 17
전 화	02-928-6643
팩 스	02-927-7703
홈페이지	www.hyoilbooks.com
Email	hyoilbooks@hyoilbooks.com
등 록	2001년 10월 8일 제2019-000146호
정 가	21,000원
ISBN	978-89-8489-487-7